多结点力矩分配法
改进技术与应用

王彦明 著

北 京

冶金工业出版社

2014

内 容 提 要

本书共分 6 章，主要内容包括经典力矩分配法、多结点力矩分配法的改进、改进的多结点力矩分配法在有侧移结构中的推广应用、支座位移与温度改变下的计算、多结点力矩分配法与子结构分析法的联合应用、结构位移的计算等。

本书可作为高等院校结构力学课程的教学参考用书，也可供土木工程、水利工程、工程力学等专业师生以及相关领域工程技术人员阅读参考。

图书在版编目(CIP)数据

多结点力矩分配法改进技术与应用/王彦明著．—
北京：冶金工业出版社，2014.10
  ISBN 978-7-5024-6760-9

Ⅰ.①多… Ⅱ.①王… Ⅲ.①结构力学—结构计算
Ⅳ.①O342

中国版本图书馆 CIP 数据核字（2014）第 236669 号

出 版 人 谭学余
地   址 北京市东城区嵩祝院北巷 39 号 邮编 100009 电话 (010)64027926
网   址 www.cnmip.com.cn 电子信箱 yjcbs@cnmip.com.cn
责任编辑 廖 丹 美术编辑 杨 帆 版式设计 孙跃红
责任校对 卿文春 责任印制 牛晓波
ISBN 978-7-5024-6760-9
冶金工业出版社出版发行；各地新华书店经销；北京佳诚信缘彩印有限公司印刷
2014 年 10 月第 1 版，2014 年 10 月第 1 次印刷
169mm×239mm；9.5 印张；202 千字；140 页
36.00 元
冶金工业出版社 投稿电话 (010)64027932 投稿信箱 tougao@cnmip.com.cn
冶金工业出版社营销中心 电话 (010)64044283 传真 (010)64027893
冶金书店 地址 北京市东四西大街 46 号(100010) 电话 (010)65289081(兼传真)
冶金工业出版社天猫旗舰店 yjgy.tmall.com
（本书如有印装质量问题，本社营销中心负责退换）

前　言

　　力矩分配法自 20 世纪 30 年代出现以来，作为一种手算方法一直受到工程设计人员的青睐。该方法突出的优点是避免了建立与求解联立方程组的复杂计算工作。对于多结点的无侧移结构，现行结构分析理论、结构力学教材、工程力学手册等提供了采用多结点力矩分配法进行内力近似求解的方法。多结点力矩分配法的特点是以渐近的方式，通过多个循环的计算，给出杆端弯矩的近似值。计算循环的次数，取决于计算过程中约束力矩趋向于零的速度。一般至少需要 2~3 个循环的计算才能得到较好的计算精度。为了减少计算循环的次数，国内一些学者对经典的多结点力矩分配法进行了改进。万度提出力矩一次分配的方法，通过修正刚度系数与传递系数，简化了力矩分配法的计算过程。魏小文等针对对称结构，提出了对称放松与反对称放松的概念，通过建立新的分配系数与传递系数，加快了收敛速度，简化了计算过程。刘茂燊等提出以多跨连续梁为单元参与力矩分配法的设想，通过推导任意跨连续梁的杆端转动刚度和结点处弯矩传递系数的递推计算公式，改变了传统力矩分配法的渐近解法，只需一次性分配就可求得精确解。黄羚等提出了子结构力矩分配法，通过建立子结构近端转动刚度、分配系数、远端传递系数的计算公式，得到了精确解。上述学者通过修正或重新建立转动刚度、分配系数、传递系数的计算公式，实现了对经典多结点力矩分配法的改进，但由于涉及转动刚度、分配系数、远端传递系数的计算公式繁杂、不统一，不便于工程技术人员快速掌握，学术研究与实际应用之间还存在一定的距离。

　　本书所研究的对经典多结点力矩分配法的改进技术与已有的改进技术不同之处在于：关于转动刚度、分配系数、传递系数的计算公式以及解题思路与经典的多结点力矩分配法完全保持不变，通过提前施加约束力矩增量并参与力矩分配与传递的改进技术，经过一个循环就快速求得杆端弯矩精确值，提高了计算速度，保证了计算精度。将改进的多结点力矩分配法与子结构分析法联合应用，可快速计算大型高次超静定复杂结构的内力精确值。本书研究的方法便于已有经典多结点力矩分配法基础的学者或初学者快速掌握，这对推广工程应用而言具有更强的实用价值。

　　本书在撰写过程中，参考了许多专家、学者的书籍和文献资料，并得到山东省教育厅高等学校教学改革项目"以工程应用为导向的土建类力学课程教学体系改革与实践研究"以及山东大学土建与水利学院的出版资助，在此深致谢意。山东省临沂人民公园管理处朱效连工程师、山东英才学院王小惠讲师以及山东大学硕士研究生颜丙坤、袁寒参与了本书中部分算例的计算；中国矿业大学本科生王弘扬、北京理工大学本科生李丁一提供了三阶行列式的计算方法与计算程序，在此向他们表示衷心的感谢。

　　限于作者的学识和积累有限，书中难免存在不当之处，恳请各位同行、学者批评和指正。

作　者

2014 年 8 月于山东大学

本书主要符号表

c	支座广义位移	S	转动刚度
C	传递系数	t	温度、时间
E	弹性模量	α	线膨胀系数
F_N	轴力	θ	角位移
F_P	荷载，作用力	μ	力矩分配系数
F_Q	剪力	Δ	广义位移
i	线刚度	φ	截面转角
I	惯性矩	ΔM	约束力矩增量
l	长度、跨度	Δx	约束力矩增量
M	力矩、力偶、弯矩	Δy	约束力矩增量
M^F	固端弯矩	Δz	约束力矩增量
q	均布荷载集度		

目　　录

第 1 章　经典力矩分配法

1.1　力矩分配法发展现状

　　结构分析与力学计算是结构工程设计中的关键内容。当代工程实践的不断进步和电子计算机技术的飞速发展，使得繁重的结构分析计算工作可利用应用软件通过计算机完成，这无疑节省了计算时间，大大提高了设计速度。设计人员面临的一项新的重要任务就是需要对计算机给出的庞大的计算结果进行判断、校核，进而对结构设计做出优化调整，该过程可能仍离不开手算。掌握手算方法仍是计算机时代土木工程师需具备的必不可少的力学技能。因此，研究简单实用、特别是能够快速得到精确解的手算方法，对指导工程设计应用仍然是必要的。

　　结构力学是结构工程的理论基础。力学专家武际可指出，近年来的发展表明，结构力学已有的传统方法，远不能满足日益复杂实际问题的要求，需要进行更为基础的研究。中国工程院院士、清华大学龙驭球教授指出，从手算角度看，省事且能满足精度要求的方法就是好方法，就是合理的方法。手算注重工作量，强调机智、灵气和多样性。

　　随着钢筋混凝土结构的广泛应用，工程设计中经常遇到高次超静定连续梁和刚架结构。关于其力学计算方法，传统的力法与位移法由于要解算关于基本未知量的高次线性方程组，作为一种手算方法已难以胜任复杂高次超静定结构的设计计算。渐近法作为位移法的一种近似应用，自 20 世纪 30 年代出现以来，作为一种手算方法一直受到工程设计人员的青睐。该方法突出的优点是直接跟踪计算杆端弯矩，避免了建立与求解联立方程组的复杂计算工作。其特点是根据力学概念，使结构的受力变形状态以渐近方式逼近真实的受力变形状态，该过程中杆端弯矩的计算体现出一种全过程的渐近法，而且渐近法的计算过程易于通过简明图表以纯数字方式体现，可避免对复杂计算过程的文字书写。由于上述优点，渐近法作为一种手算方法至今在工程界普遍采用。渐近法包括力矩分配法和无剪力分配法两种应用形式，这两种方法都有严格的使用条件。力矩分配法适用于内部结点没有线位移的连续梁、刚架等无侧移结构；无剪力分配法其实是力矩分配法的一种特殊应用形式，只适用于特殊的有侧移结构，而不是任意的有侧移结构，该方法要求结构中除无侧移的杆件外，其余有侧移杆件必须满足剪力静定。

　　渐近法在应用中，对于内部含有一个刚结点的结构，可通过单结点的力矩分配法经过结点的一次力矩分配与传递快速得到杆端弯矩的精确解，计算过程最为简单，但工程实际中很少涉及单结点的结构。实际应用最多的是多结点力矩分配法。例如，对于内部含有多个刚结点的无侧移结构，现行结构分析理论、结构力学教科书、工程力学手册等提供了经典的多结点力矩分配法进行内力近似求解[1~5]，其特点是以渐近的方式，通过多个循环的计算，给出杆端弯矩的近似值。计算循环的次数，取决于计算过程中内部结点上约束力矩趋向于零的速度。计算经验表明一般至少需要 2~3 个循环的计算才能得到较好的近似解。经典的多结点力矩分配法只能得到满足一定精度要求的近似解，随着结构内部刚结点个数增多，其计算过程相对越复杂。为了减少计算循环的次数或追求精确解，国内一些学者对经典的多结点力矩分配法进行了改进。万度提出力矩一次分配的方法，通过修正刚度系数与传递系数，简化了力矩分配法的计算过程[6]。魏小文等针对对称结构，提出了对称放松与反对称放松的概念，通过建立新的分配系数与传递系数，加快了收敛速度，简化了计算过程[7]。刘茂燧等提出以多跨连续梁为单元参与力矩分配法的设想，通过推导任意跨连续梁的杆端转动刚度和结点处弯矩传递系数的递推计算公式，改变了传统力矩分配法的渐近解法，只需一次性分配就可求得精确解[8,9]。黄羚等提出了子结构力矩分配法，通过建立子结构近端转动刚度、分配系数、远端传递系数的计算公式，得到了精确解[10]。该研究结果要求各子结构内部仅含一个刚结点，计算结构相对比较简单，主要适用于内部含有 3 个或 4 个刚结点的连续梁或刚架结构。上述学者通过修正或重新建立转动刚度、分配系数、传递系数的计算公式，实现了对经典多结点力矩分配法的改进，但由于涉及各修正系数的计算公式繁杂、不统一，实际应用时不便于工程技术人员快速掌握，学术研究与实际应用之间存在一定的距离。

对于一般的有侧移结构，上述两种渐近法都不能直接单独采用，可联合采用力矩分配法和位移法计算杆端弯矩，但计算过程非常复杂。魏小文等针对内部含有一个刚结点、一个结点未知线位移的一般有侧移刚架，通过技术处理，按照无侧移结构单结点的力矩分配法完成计算得到了精确解。其采取的技术手段是将结点线位移以未知量的形式出现在固端弯矩项，固端弯矩以变量形式出现在计算过程中。按照单结点力矩分配法完成计算，得到的杆端弯矩是结点线位移未知量的函数，最后根据结构的平衡条件求出结点线位移，进一步求出杆端弯矩数值[11]。该研究结果仅涉及单结点的力矩分配与传递，计算结构相对比较简单，对于多结点情况还缺乏深入研究。但上述学者处理问题的思路，对选择渐近法深入研究内部含有多个结点的一般有侧移结构有一定的借鉴价值。

经典的多结点力矩分配法（多结点无剪力分配法作为该方法的特殊应用形式）有严格的适用条件，其计算过程需要若干个循环的计算且只能得到杆端弯矩近似值，影响了分析复杂结构的计算效率。尤其是经典方法不能直接应用于一般有侧移结构的计算，一定程度上限制了该方法的工程应用。本书从第 2 章开始介绍对经典多结点力矩分配法的改进技术以及推广应用，改进后的算法适用于任意多结点复杂结构（无侧移或有侧移）承受广义荷载作用下的计算，包括一般荷载、温度改变以及支座位移，其特点是经过一个循环计算就能快速得到杆端弯矩精确值，实现了以手算方法同样可以快速计算复杂结构内力精确值的研究目的，可以消除目前设计人员面对复杂结构计算时对计算机软件的过分依赖。改进后的算法关于转动刚度、分配系数、传递系数的计算公式以及解题思路与经典的多结点力矩分配法完全保持一致，易于工程技术人员快速掌握，对推广工程设计应用具有实用价值。

1.2 力矩分配法的基本概念

力矩分配法适用于结构内部结点没有线位移、仅有角位移的连续梁与刚架结构（以下简称无侧移结构）。这两种结构以弯曲变形为主，计算中不考虑轴向变形与剪切变形的影响。力矩分配法突出的优点是以渐近的方式直接跟踪计算杆端弯矩，不需要建立与求解关于未知量的联立方程组。对于内部只含有一个刚结点的无侧移结构，利用单结点的力矩分配法可快速得到杆端弯矩的精确解，而对于内部含有两个刚结点及以上的无侧移结构，需要利用多结点的力矩分配法以渐近的方式、经过若干个循环的计算得到杆端弯矩的近似解。计算中对杆端弯矩的正负号规定为：绕着杆端顺时针转动为正，反之为负。

1.2.1 转动刚度

转动刚度表示杆件近端对转动的抵抗能力。转动刚度以符号 S 表示，它在数值上等于使杆件近端产生单位角位移时在近端需要施加的力矩。如图 1-1 所示，设有无侧移结构中的一根等截面直杆 AB，在近端 A 通过刚结点与结构内部相连接，在远端 B 通过支座与结构外部相连接。图中近端 A 用固定铰支座表示，用以说明该结点不存在线位移。近端 A 的转动刚度用 S_{AB} 表示，设杆件的线刚度为 $i = \dfrac{EI}{l}$，利用位移法的转角位移方程可确定远端 B 为不同支承情况时 S_{AB} 的数值。转

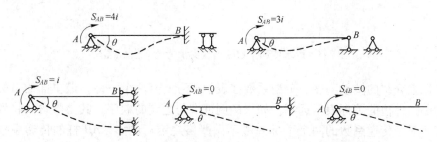

图 1-1 近端转动刚度随远端支承情况变化示意图

动刚度的大小唯一取决于远端的支承情况。

1.2.2 分配系数与传递系数

图 1-2 所示内部只含有一个刚结点的单结点无侧移结构，当结点上只作用集中力偶 M 时，该力偶将根据一定的比例系数分配，得到各根杆近端的杆端弯矩。该比例系数称为近端的分配系数，用符号 μ 表示。某根杆在近端的分配系数等于该根杆在近端的转动刚度除以交于该结点的所有杆件在该结点的转动刚度之和。详细理论推导参见相关结构力学课程教材。对于结点上的集中力偶，规定顺时针方向为正，逆时针方向为负。

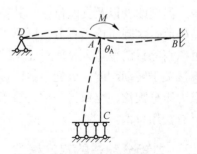

图 1-2　单结点无侧移结构
承受结点力偶作用

图 1-2 所示结构，各根杆在近端的分配系数分别为：

$$\mu_{AB} = \frac{S_{AB}}{S_{AB} + S_{AC} + S_{AD}}, \mu_{AC} = \frac{S_{AC}}{S_{AB} + S_{AC} + S_{AD}}, \mu_{AD} = \frac{S_{AD}}{S_{AB} + S_{AC} + S_{AD}}$$

同一结点处各根杆在近端的分配系数满足：$\mu_{AB} + \mu_{AC} + \mu_{AD} = 1$。

传递系数表示当杆件近端发生角位移时，远端弯矩与近端弯矩的比值，以符号 C 表示。利用位移法的转角位移方程可确定远端 B 为不同支承情况时 C_{AB} 的数值。图 1-3 (a) 所示杆件的传递系数为 $C_{AB} = \dfrac{M_{BA}}{M_{AB}} = \dfrac{1}{2}$；图 1-3 (b) 所示杆件的传递系数为 $C_{AB} = \dfrac{M_{BA}}{M_{AB}} = 0$；图 1-3 (c) 所示杆件的传递系数为 $C_{AB} = \dfrac{M_{BA}}{M_{AB}} = -1$。传递系数的大小唯一取决于远端的支承情况。

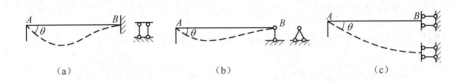

| (a) | (b) | (c) |

图 1-3　近端传递系数随远端支承情况变化示意图

以上介绍的转动刚度、分配系数在表示符号上有两个下标，最里面的下标表示近端，外边的下标表示远端。如果颠倒近端与远端的顺序，其力学含义将发生改变。对于传递系数的两个下标一般不做严格规定。例如，AB 杆的传递系数可以写作 C_{AB}，也可以写作 C_{BA}。

1.2.3 结点力偶作用下的计算

对图 1-2 所示内部只含有一个刚结点的单结点无侧移结构，当结点上只作用集中力偶 M 时，利用分配系数与传递系数的定义，可直接得到近端与远端杆端弯矩的精确值。

各根杆在近端的杆端弯矩分别为：$M_{AB} = \mu_{AB}M$，$M_{AC} = \mu_{AC}M$，$M_{AD} = \mu_{AD}M$。

各根杆在远端的杆端弯矩分别为：$M_{BA} = C_{AB}M_{AB}$，$M_{CA} = C_{AC}M_{AC}$，$M_{DA} = C_{AD}M_{AD}$。

对图 1-4 所示内部只含有一个刚结点的无侧移结构，当在刚结点上只作用集中力偶 M 时，利用分配系数与传递系数的定义，可直接得到近端与远端杆端弯矩的精确值。

各根杆在近端的杆端弯矩分别为：
$M_{AB} = \mu_{AB}M$，$M_{AC} = \mu_{AC}M$，$M_{AD} = \mu_{AD}M$。

各根杆在远端的杆端弯矩分别为：
$M_{BA} = C_{AB}M_{AB}$，$M_{CA} = C_{AC}M_{AC}$，$M_{DA} = C_{AD}M_{AD}$。

其中，CE 杆件处于无弯矩、无剪力状态，读者可自行分析其原因。

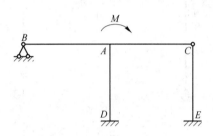

图 1-4　内部含有铰结点的单结点
无侧移结构承受结点力偶作用

1.3　单结点力矩分配法

对于结构内部只含有一个刚结点的单结点无侧移结构，当承受非结点荷载作用时，可利用单结点力矩分配法得到近端与远端杆端弯矩的精确值。

为了说明此种情况下的计算结果为精确值，先回忆利用位移法基本体系计算杆端弯矩精确值的思路。

图 1-5（a）所示内部只含有一个刚结点的单结点无侧移结构承受非结点荷载作用，基本未知量为结点 C 的角位移，记为 Δ_1。利用位移法基本体系进行内力精确值求解的分析过程如下：（1）施加刚臂阻止结点的转动，建立基本体系（如图 1-5（b）所示）。（2）控制基本体系在结点 C 产生角位移 Δ_1，此时基本体系的变形条件与原结构保持一致（如图 1-5（c）所示）。此时基本体系上的荷载从广义荷载角度可分为两类：一是原结构的已知荷载 q；二是结点 C 的角位移 Δ_1。基本体系若要与原结构等价，完全实现原结构向基本体系的转化，还要使两种结构的平衡条件保持一致，即基本体系在附加约束上的约束力矩 $F_1 = 0$。只要 $F_1 = 0$，基本体系的变形与内力就和原结构完全保持相等。据此，可建立位移法基本体系的方程。对基本体系进行分析时，将两类广义荷载分开考虑，然后线性叠加得到位移法基本体系的方程 $F_{11} + F_{1P} = 0$。其中，F_{1P} 为原结构的已知荷载 q

单独作用在基本体系附加约束上产生的约束力矩（如图 1-5（d）所示，称为约束状态）。F_{11} 为 Δ_1 单独作用在基本体系附加约束上产生的约束力矩（如图 1-5（e）所示，称为放松约束状态）。若令 k_{11} 为 $\Delta_1 = 1$ 单独作用下，在基本体系附加约束上产生的约束力矩，则 $F_{11} = k_{11}\Delta_1$。（3）基本体系与原结构的内力或变形就等于约束状态与放松约束状态对应的结果的线性叠加。

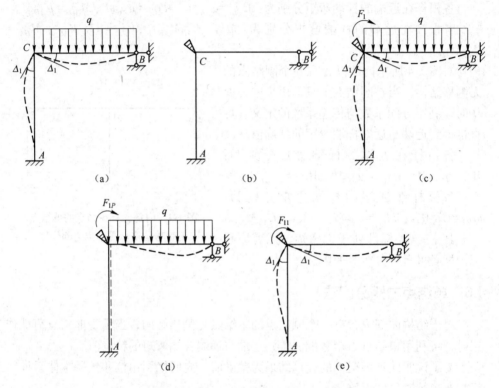

图 1-5 位移法基本体系计算过程示意图

对图 1-5（a）所示结构，下面对比说明非结点荷载作用时，单结点力矩分配法的分析思路与计算步骤。

第一步，约束状态。施加刚臂阻止结点 C 的转动，形成约束状态。在约束状态下，只有原结构的已知荷载 q 单独作用（如图 1-6（a）所示）。该状态下各杆在杆上荷载作用下产生的固端弯矩可查表 1-1 得到，同时在附加约束上产生约束力矩 M_C。M_C 等于 CA 杆与 CB 杆在 C 端的固端弯矩之和，即 $M_C = M_{CB}^{\mathrm{F}} + M_{CA}^{\mathrm{F}}$，规定约束力矩以顺时针方向为正、逆时针方向为负。这一步相当于位移法基本体系中的第一类荷载即原结构的已知荷载单独作用。

第二步，放松约束状态。控制结点 C 逐渐产生转动，形成放松约束状态。当结点 C 的转动大小在数值上等于原结构在结点 C 的角位移 Δ_1 时，附加约束上的约束力矩由约束状态下的 M_C 回复变成0，这就相当于在结点 C 上施加了一个集中力偶 $-M_C$（如图1-6（b）所示）。这一步相当于位移法基本体系中的第二类荷载即结点 C 的角位移 Δ_1 单独作用。利用分配系数与传递系数的定义，可得到这一步中近端的分配弯矩与远端的传递弯矩。

　　第三步，叠加。对比位移法基本体系原理，可知近端最终的杆端弯矩等于第一步中的固端弯矩叠加第二步的分配弯矩，远端最终的杆端弯矩等于第一步中的固端弯矩叠加第二步的传递弯矩。

　　经过约束状态与放松约束状态后，结点 C 的约束力矩变为0，即 $M_C + (-M_C) = 0$，这是原结构真实的状态。因此，单结点力矩分配法的计算结果为精确值。

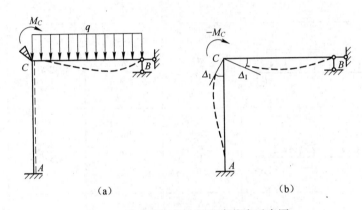

（a）　　　　　　　　　　　（b）

图1-6　约束状态与放松约束状态示意图

表1-1　等截面杆件的固端弯矩与固端剪力

编号	计算简图	固端弯矩		固端剪力	
		M_{AB}^F	M_{BA}^F	F_{QAB}^F	F_{QBA}^F
1		$-\dfrac{ql^2}{12}$	$\dfrac{ql^2}{12}$	$\dfrac{ql}{2}$	$-\dfrac{ql}{2}$
2		$-\dfrac{ql^2}{30}$	$\dfrac{ql^2}{20}$	$\dfrac{3ql}{20}$	$-\dfrac{7ql}{20}$
3		$-\dfrac{F_P ab^2}{l^2}$	$\dfrac{F_P a^2 b}{l^2}$	$\dfrac{F_P b^2}{l^2}\left(1+\dfrac{2a}{l}\right)$	$-\dfrac{F_P a^2}{l^2}\left(1+\dfrac{2b}{l}\right)$

编号	计算简图	固端弯矩		固端剪力	
		M_{AB}^{F}	M_{BA}^{F}	F_{QAB}^{F}	F_{QBA}^{F}
4		$-\dfrac{F_{\mathrm{P}}l}{8}$	$\dfrac{F_{\mathrm{P}}l}{8}$	$\dfrac{F_{\mathrm{P}}}{2}$	$-\dfrac{F_{\mathrm{P}}}{2}$
5		$\dfrac{EI\alpha\Delta t}{h}$	$-\dfrac{EI\alpha\Delta t}{h}$	0	0
6		$-\dfrac{ql^2}{8}$	0	$\dfrac{5}{8}ql$	$-\dfrac{3}{8}ql$
7		$-\dfrac{ql^2}{15}$	0	$\dfrac{2}{5}ql$	$-\dfrac{1}{10}ql$
8		$-\dfrac{7ql^2}{120}$	0	$\dfrac{9}{40}ql$	$-\dfrac{11}{40}ql$
9		$-\dfrac{F_{\mathrm{P}}b(l^2-b^2)}{2l^2}$	0	$\dfrac{F_{\mathrm{P}}b(3l^2-b^2)}{2l^3}$	$-\dfrac{F_{\mathrm{P}}a^2(3l-a)}{2l^3}$
10		$-\dfrac{3F_{\mathrm{P}}l}{16}$	0	$\dfrac{11F_{\mathrm{P}}}{16}$	$-\dfrac{5F_{\mathrm{P}}}{16}$
11		$\dfrac{3EI\alpha\Delta t}{2h}$	0	$-\dfrac{3EI\alpha\Delta t}{2hl}$	$-\dfrac{3EI\alpha\Delta t}{2hl}$

编号	计算简图	固端弯矩		固端剪力	
		M_{AB}^{F}	M_{BA}^{F}	F_{QAB}^{F}	F_{QBA}^{F}
12		$-\dfrac{ql^2}{3}$	$-\dfrac{ql^2}{6}$	ql	0
13		$-\dfrac{F_{P}a(2l-a)}{2l}$	$-\dfrac{F_{P}a^2}{2l}$	F_{P}	0
14		$-\dfrac{F_{P}l}{2}$	$-\dfrac{F_{P}l}{2}$	F_{P}	$F_{QB}=F_{P}$
16		$\dfrac{EI\alpha\Delta t}{h}$	$-\dfrac{EI\alpha\Delta t}{h}$	0	0

注：表中 A 端均为固定端支座，是因为无侧移结构中的近端 A 不存在线位移，当施加约束阻止转动后，近端 A 等同于固定端支座。表中 l 为杆件全长；h 为杆件截面高度；$\Delta t = t_1 - t_2$。

1.4 多结点力矩分配法

图 1-7 所示内部含有两个结点的多结点连续梁结构，采用传统的多结点力矩分配法需要对 B、C 两个结点轮流放松约束进行力矩的分配与传递（轮流放松一次，称为一个循环），然后经过多个循环计算，使杆端弯矩逐渐接近于真实的弯矩值。以结点上的约束力矩是否趋向于零，作为停止计算循环过程的判据。计算步骤如下：

第一步，约束状态。对结点 B、C 施加约束阻止结点的转动，形成约束状态。各根杆在杆上荷载作用下将产生固端弯矩，同时在结点 B、C 附加约束上分别产生约束力矩 M_B、M_C。每一个结点上由于施加附加约束而产生的约束力矩等于该结点连接的各根杆件在该结点截面的固端弯矩之和。例如，$M_B = M_{BA}^{F} + M_{BC}^{F}$，$M_C = M_{CB}^{F} + M_{CD}^{F}$。

第二步，放松约束状态。对结点 B、C 轮流放松约束，进行力矩的分配与传递。首先，在结点 B 施加力偶（$-M_B$），进行力矩的分配与传递（前半个循环）。此时，结点 B、C 上的约束力矩分别变化为 0、M_C'，$M_C' = M_C + M_{CB}'$。然后，在结点 C 施加力偶（$-M_C'$），进行力矩的分配与传递（后半个循环）。此时，结点 B、C 上的约束力矩分别变化为 M_B'、0，$M_B' = M_{BC}''$，上述过程称作一个循环。经

过一个循环后结构累加的变形会比较接近
真实的变形，但此时 B、C 结点的约束力
矩不会都等于零。

第三步，重复第二步，经过多个循环
的计算，直至 B、C 结点的约束力矩趋向
于零，结构的变形和内力就收敛于真实的
变形和内力。将上述计算过程中的固端弯
矩与分配弯矩或传递弯矩叠加，可得到杆
端弯矩的近似值。

上述计算过程中，每一个循环计算都
重复的是单结点的力矩分配与传递。随着
计算循环次数的增多，结点 B、C 上的约
束力矩只能是趋向于零，而不会正好都绝
对等于零，因此，多结点力矩分配法的计
算结果为近似值。

当结构内部刚结点的个数多于两个
时，可将内部结点分成两组。只要按照不
相邻结点位于同一组的原则对结点进行分
组，这样在第二步放松约束状态下重复的
都是单结点的力矩分配与传递。但是，当
结点个数较多时，计算过程将变得复杂。

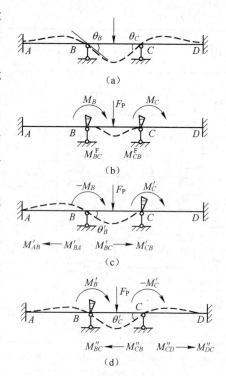

图 1-7　传统的多结点力矩分配法
计算过程示意图

另外，在具体问题中还会遇到以下三种情况，关于其固端弯矩的计算说明
如下：

（1）遇到图 1-8 所示的计算简图
时，根据杆上作用的荷载不同可查表
1-1 中编号 1~5 工况对应的固端弯矩。

（2）遇到图 1-9 所示的计算简图
时，根据杆上作用的荷载不同可查表
1-1 中编号 6~11 工况对应的固端弯矩。

图 1-8　远端为滑动支座
（滑动端剪力不为零）

（3）遇到图 1-10 所示的计算简图时，根据杆上作用的荷载不同可利用截面
法直接得到两个端部截面的固端弯矩。

图 1-9　远端为固定铰支座

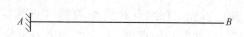

图 1-10　远端为自由端

第2章 多结点力矩分配法的改进

2.1 改进原理

经典的多结点力矩分配法在放松约束状态的每一个循环计算中，由于要产生新的传递弯矩，使得每一个结点上的约束力矩不能同时达到绝对等于零。只能是随着计算循环次数的增多，每一个结点上的约束力矩趋向于零。因此，经典的多结点力矩分配法关于杆端弯矩的计算结果为近似值。为保证计算精度，需要增加计算循环的次数，计算循环的次数取决于计算过程中结点上的约束力矩趋向于零的速度。因此，对于内部结点个数比较多的复杂结构，采用经典的多结点力矩分配法，其计算过程将比较复杂。

对图 2-1 所示两跨连续梁，若在放松约束状态同时放松 B、C 两个结点，即同时施加两个力偶 $-M_B$、$-M_C$（如图 2-1（c）所示），放松约束后 B、C 结点上的约束力矩都绝对等于零，理论上可以得到内力精确解。但是，放松 B、C 两个结点时，由于它们都产生转动，BC 杆件在 B、C 端部的转动刚度与传递系数将不能确定，使得力矩的分配与传递无法进行下去，设想失去意义。为便于确定 BC 杆件在 B、C 端部的转动刚度与传递系数，经典的力矩分配法采取了轮流放松约束的方法，即放松结点 B 时，约束结点 C（C 端相当于固定端支座）；而放松结点 C 时，重新约束结点 B（B 端相当于固定端支座）。

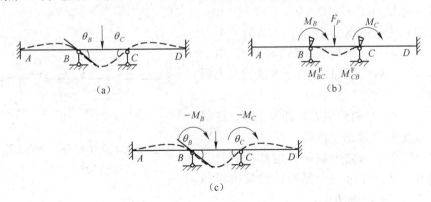

图 2-1 内部两结点同时放松示意图

本章介绍多结点力矩分配法的改进技术，其原理是在首先放松约束的结点上提前施加不同数目的约束力矩增量并参与力矩分配与传递，经过一个循环计算就达到每一个结点上的约束力矩都绝对等于零，从而快速得到了杆端弯矩的精确解。提前施加的约束力矩增量有明确的物理含义，本章将推导、建立约束力矩增量的解析计算公式。本章介绍的改进技术，关于转动刚度、分配系数、传递系数的计算公式以及解题思路与经典的多结点力矩分配法保持不变，无需另行推导，只需按照公式计算约束力矩增量并参与力矩分配与传递，通过一个循环计算就可快速得到杆端弯矩精确值，既提高了计算速度，又保证了计算精度。

2.2 无侧移结构内部有两个或三个刚结点参与力矩分配的改进技术

2.2.1 内部有两个刚结点参与力矩分配

2.2.1.1 改进原理

对图 2-1 所示内部含有两个刚结点的三跨连续梁，在经典多结点力矩分配法的基础上，首次对结点 B 放松约束时，提前施加一个约束力矩增量 ΔM 并参与力矩分配与传递。通过对结点 B、C 轮流放松约束，完成单个循环的计算，如图 2-2 所示。令 ΔM 等于结点 C 放松完成后传递给结点 B 的弯矩，即 $\Delta M = M''_{BC}$，此时结点 B、C 的约束力矩都等于零。证明如下：

（1）放松结点 C 时，施加力偶 $-M'_C$，其中 $M'_C = M_C + M'_{CB}$，放松后结点 C 的约束力矩变为 $M'_C + (-M'_C) = 0$。

（2）放松结点 C 后，结点 B 的约束力矩变为 $M_B + [-(M_B + \Delta M)] + M'_B$，由于 $M'_B = M''_{BC} = \Delta M$，因此，结点 B 的约束力矩也为零。

结点 B、C 的约束力矩都等于零，这就是结构真实的状态。因此，经过一个循环后累加的变形和内力就是结构真实的变形和内力。可见经过一个循环，就快速得到了杆端弯矩的精确值。

2.2.1.2 约束力矩增量 ΔM 的计算

图 2-2（c）所示放松结点 B、约束结点 C 状态（前半个循环），经过分配和

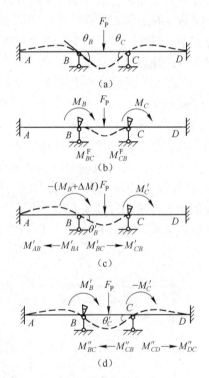

图 2-2 多结点力矩分配法的改进
（内部含有两个结点）

传递，则有：

$$M'_{BC} = -(M_B + \Delta M)\mu_{BC} , \quad M'_{CB} = M'_{BC}C_{BC} = -(M_B + \Delta M)\mu_{BC}C_{BC}$$

结点 C 的约束力矩变为：$M'_C = M_C + M'_{CB} = M_C - (M_B + \Delta M)\mu_{BC}C_{BC}$

图 2-2（d）所示放松结点 C、约束结点 B 状态（后半个循环），经过分配和传递，则有：

$$M''_{CB} = -M'_C\mu_{CB} = [(M_B + \Delta M)\mu_{BC}C_{BC} - M_C]\mu_{CB}$$

$$M''_{BC} = M''_{CB}C_{BC} = [(M_B + \Delta M)\mu_{BC}C_{BC} - M_C]\mu_{CB}C_{BC}$$

令 $\Delta M = M''_{BC}$，即 $\quad \Delta M = [(M_B + \Delta M)\mu_{BC}C_{BC} - M_C]\mu_{CB}C_{BC}$

解得 $\qquad \Delta M = \dfrac{(M_B\mu_{BC}C_{BC} - M_C)\mu_{CB}C_{BC}}{1 - \mu_{BC}\mu_{CB}C_{BC}^2}$

由于传递系数 $C_{BC} = \dfrac{1}{2}$，则有：

$$\Delta M = \frac{(M_B\mu_{BC} - 2M_C)\mu_{CB}}{4 - \mu_{BC}\mu_{CB}} \tag{2-1}$$

式（2-1）为约束力矩增量 ΔM 的计算公式。式中，M_B 为约束状态下荷载作用产生的 B 结点约束力矩，等于 B 结点的固端弯矩之和；M_C 为约束状态下荷载作用产生的 C 结点约束力矩，等于 C 结点的固端弯矩之和；μ_{BC} 为 BC 杆在近端 B 的分配系数；μ_{CB} 为 BC 杆在近端 C 的分配系数。

2.2.2 内部有三个刚结点参与力矩分配

2.2.2.1 改进原理

对图 2-3 所示内部含有三个结点的四跨连续梁，将结点分成两组，轮流放松约束。其中不相邻的 B、D 结点为一组，C 结点为另一组。在经典多结点力矩分配法的基础上，首先放松 C 结点，对结点 C 放松约束时，提前施加一个约束力矩增量 ΔM 并参与力矩分配与传递，如图 2-3（c）所示。通过轮流放松两组结点，完成单个循环的计算。令 ΔM 等于结点 B、D 放松完成后，由传递弯矩在结点 C 产生的约束力矩，即 $\Delta M = M''_{CB} + M''_{CD}$，此时结点 B、C、D 的约束力矩都等于零。证明如下：

（1）放松结点 B、D 时，分别施加力偶 $-M'_B$、$-M'_D$，其中 $M'_B = M_B + M'_{BC}$，$M'_D = M_D + M'_{DC}$，放松后结点 B 的约束力矩变为 $M'_B + (-M'_B) = 0$，结点 D 的约束力矩变为 $M'_D + (-M'_D) = 0$。

（2）放松结点 B、D 后，结点 C 的约束力矩变为 $M_C + [-(M_C + \Delta M)] + M'_C$，由于 $M'_C = M''_{CB} + M''_{CD} = \Delta M$，因此，结点 C 的约束力矩也等于零。

结点 B、C、D 的约束力矩都等于零，这就是结构真实的状态。因此，经过一个循环后累加的变形和内力就是结构真实的变形和内力。可见经过一个循环，

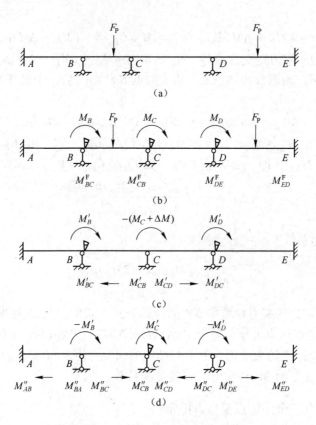

图 2-3 多结点力矩分配法的改进

（内部含有三个结点）

就快速得到了杆端弯矩的精确值。

2.2.2.2 约束力矩增量 ΔM 的计算

图 2-3（c）所示放松结点 C、约束结点 B 和 D 状态（前半个循环），经过分配和传递，则有：

$$M'_{CB} = -(M_C + \Delta M)\mu_{CB}, \quad M'_{BC} = M'_{CB}C_{BC} = -(M_C + \Delta M)\mu_{CB}C_{BC}$$

$$M'_{CD} = -(M_C + \Delta M)\mu_{CD}, \quad M'_{DC} = M'_{CD}C_{CD} = -(M_C + \Delta M)\mu_{CD}C_{CD}$$

结点 B、D 的约束力矩变为：

$$M'_B = M_B + M'_{BC} = M_B - (M_C + \Delta M)\mu_{CB}C_{BC}$$

$$M'_D = M_D + M'_{DC} = M_D - (M_C + \Delta M)\mu_{CD}C_{CD}$$

图 2-3（d）所示放松结点 B 和 D、约束结点 C 状态（后半个循环），经过分配和传递，则有：

$$M''_{BC} = -M'_B\mu_{BC} = [(M_C + \Delta M)\mu_{CB}C_{BC} - M_B]\mu_{BC}$$

$$M''_{CB} = M''_{BC}C_{BC} = [(M_C + \Delta M)\mu_{CB}C_{BC} - M_B]\mu_{BC}C_{BC}$$

$$M''_{DC} = - M'_D\mu_{DC} = [(M_C + \Delta M)\mu_{CD}C_{CD} - M_D]\mu_{DC}$$

$$M''_{CD} = M''_{DC}C_{CD} = [(M_C + \Delta M)\mu_{CD}C_{CD} - M_D]\mu_{DC}C_{CD}$$

令 $\Delta M = M''_{CB} + M''_{CD}$, 即

$$\Delta M = [(M_C + \Delta M)\mu_{CB}C_{BC} - M_B]\mu_{BC}C_{BC} + [(M_C + \Delta M)\mu_{CD}C_{CD} - M_D]\mu_{DC}C_{CD}$$

解得

$$\Delta M = \frac{(M_C\mu_{CB}C_{BC} - M_B)\mu_{BC}C_{BC} + (M_C\mu_{CD}C_{CD} - M_D)\mu_{DC}C_{CD}}{1 - \mu_{CB}\mu_{BC}C_{BC}^2 - \mu_{CD}\mu_{DC}C_{CD}^2}$$

由于传递系数 $C_{BC} = C_{CD} = \dfrac{1}{2}$, 则有:

$$\Delta M = \frac{(M_C\mu_{CB} - 2M_B)\mu_{BC} + (M_C\mu_{CD} - 2M_D)\mu_{DC}}{4 - \mu_{CB}\mu_{BC} - \mu_{CD}\mu_{DC}} \tag{2-2}$$

式 (2-2) 为约束力矩增量 ΔM 的计算公式。式中, M_D 为约束状态下荷载作用产生的 D 结点约束力矩, 等于 D 结点的固端弯矩之和; μ_{CD} 为 CD 杆在近端 C 的分配系数; μ_{DC} 为 CD 杆在近端 D 的分配系数; 其余符号意义同前。

2.2.3 应用举例

例 2-1 图 2-4 (a) 所示连续梁, 各跨 EI=常数, 跨度为 a, 求作弯矩图。

解: (1) 用改进的多结点力矩分配法求解。

对 B、C 结点施加约束, 建立约束状态。荷载作用下, 固端弯矩为 $M_{BA}^F = \dfrac{1}{8}qa^2$, 结点 B、C 产生的约束力矩分别为 $M_B = \dfrac{1}{8}qa^2$、$M_C = 0$。

分配系数经计算得到 $\mu_{BC} = \mu_{CB} = \dfrac{4}{7}$, 代入式 (2-1) 计算约束力矩增量得到:

$$\Delta M = \frac{(M_B\mu_{BC} - 2M_C)\mu_{CB}}{4 - \mu_{BC}\mu_{CB}} = \frac{1}{90}qa^2$$

则

$$M_B + \Delta M = \frac{49}{360}qa^2$$

首先在结点 B, 对 $-(M_B + \Delta M)$ 进行力矩分配与传递, 然后在结点 C 进行力矩分配与传递, 完成一个循环的计算。计算过程如图 2-4 (b) 所示, 双横线上的数据为杆端弯矩的精确值, M 图如图 2-4 (c) 所示。

(2) 用力法求解。

对图 2-5 (b) 所示基本结构建立力法基本方程为:

$$\begin{cases} \delta_{11}X_1 + \delta_{12}X_2 + \Delta_{1P} = 0 \\ \delta_{21}X_1 + \delta_{22}X_2 + \Delta_{2P} = 0 \end{cases}$$

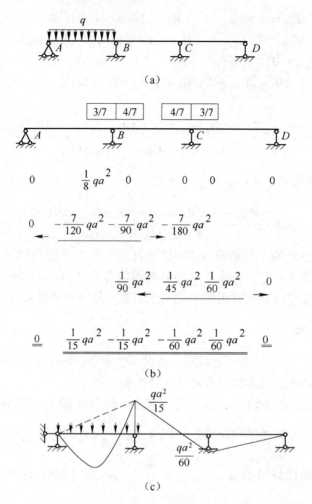

图 2-4　多结点、力矩分配法计算过程示意图

分别绘制基本结构在 $X_1 = 1$、$X_2 = 1$ 和荷载作用下的弯矩图 $\overline{M}_1$、$\overline{M}_2$ 和 M_P 图，如图 2-5（c）、图 2-5（d）和图 2-5（e）所示。

采用图乘法，可得到：

$$\delta_{11} = \delta_{22} = \frac{2a}{3EI}, \qquad \delta_{12} = \delta_{21} = \frac{a}{6EI}, \qquad \Delta_{1P} = \frac{qa^3}{24EI}, \qquad \Delta_{2P} = 0$$

解得

$$X_1 = -\frac{qa^2}{15}, \qquad X_2 = \frac{qa^2}{60}$$

采用力法的计算结果与采用改进的多结力矩分配法的计算结果完全一致，这也验证了改进的多结力矩分配法的计算结果为精确解。

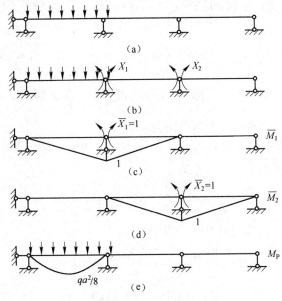

图 2-5　力法计算示意图

例 2-2　图 2-6（a）所示刚架结构，用改进的多结点力矩分配法计算杆端弯矩的精确值并作 M 图。

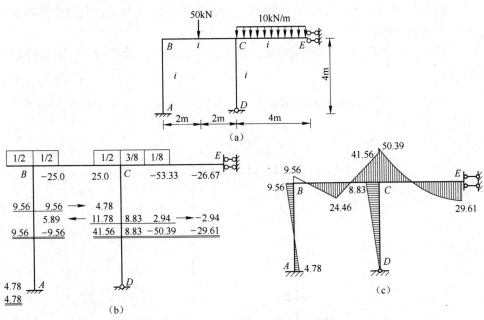

图 2-6　多结点力矩分配法计算过程与 M 图

（（b）、（c）图中数字单位：kN·m）

解：对结点 B、C 施加约束，建立约束状态。荷载作用下，固端弯矩分别为：

$$M_{BC}^{F} = -\frac{1}{8} \times 50 \times 4 = -25\text{kN} \cdot \text{m} , \quad M_{CB}^{F} = \frac{1}{8} \times 50 \times 4 = 25\text{kN} \cdot \text{m}$$

$$M_{CE}^{F} = -\frac{1}{3} \times 10 \times 4^2 = -53.33\text{kN} \cdot \text{m} , \quad M_{EC}^{F} = -\frac{1}{6} \times 10 \times 4^2 = -26.67\text{kN} \cdot \text{m}$$

结点 B、C 产生的约束力矩分别为：

$$M_B = M_{BC}^{F} = -25\text{kN} \cdot \text{m} , \quad M_C = M_{CB}^{F} + M_{CE}^{F} = -28.33\text{kN} \cdot \text{m}$$

分配系数为：

$$\mu_{BC} = \frac{4i}{4i + 4i} = \frac{1}{2} , \quad \mu_{CB} = \frac{4i}{4i + 3i + i} = \frac{1}{2}$$

代入式（2-1）计算约束力矩增量得到

$$\Delta M = \frac{(M_B\mu_{BC} - 2M_C)\mu_{CB}}{4 - \mu_{BC}\mu_{CB}} = 5.89\text{kN} \cdot \text{m}$$

则

$$M_B + \Delta M = -19.11\text{kN} \cdot \text{m}$$

首先在结点 B，对 $-(M_B + \Delta M)$ 进行力矩分配与传递，然后在结点 C 进行力矩分配与传递，完成一个循环的计算。计算过程如图 2-6（b）所示，双横线上的数据为杆端弯矩的精确值，M 图如图 2-6（c）所示。

例 2-3 图 2-7（a）所示刚架结构，用改进的多结点力矩分配法计算杆端弯矩的精确值并作 M 图。

解：对结点 B、C、D 施加约束，建立约束状态。荷载作用下，固端弯矩分别为：

$$M_{AB}^{F} = -\frac{1}{8} \times 80 \times 6 = -60\text{kN} \cdot \text{m} , \quad M_{BA}^{F} = \frac{1}{8} \times 80 \times 6 = 60\text{kN} \cdot \text{m}$$

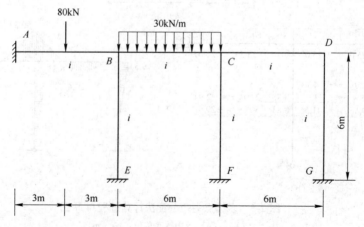

(a)

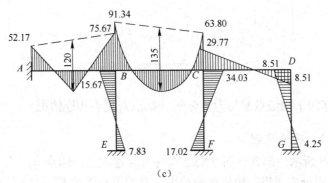

(b)

(c)

图 2-7 多结点力矩分配法计算过程与 M 图

（(b)、(c) 图中数字单位：kN·m）

$$M_{BC}^{F} = -\frac{1}{12} \times 30 \times 6^2 = -90 \text{kN·m}, \quad M_{CB}^{F} = \frac{1}{12} \times 30 \times 6^2 = 90 \text{kN·m}$$

结点 B、C、D 产生的约束力矩分别为：

$$M_B = M_{BA}^{F} + M_{BC}^{F} = -30 \text{kN·m}, \quad M_C = M_{CB}^{F} = 90 \text{kN·m}, \quad M_D = 0$$

分配系数为：

$$\mu_{BC} = \frac{4i}{4i + 4i + 4i} = \frac{1}{3}, \quad \mu_{CB} = \frac{4i}{4i + 4i + 4i} = \frac{1}{3}$$

$$\mu_{CD} = \frac{4i}{4i + 4i + 4i} = \frac{1}{3}, \quad \mu_{DC} = \frac{4i}{4i + 4i} = \frac{1}{2}$$

代入式（2-2）计算约束力矩增量得到：

$$\Delta M = \frac{(M_C \mu_{CB} - 2M_B)\mu_{BC} + (M_C \mu_{CD} - 2M_D)\mu_{DC}}{4 - \mu_{CB}\mu_{BC} - \mu_{CD}\mu_{DC}} = 12.09 \text{kN·m}$$

则 $\qquad\qquad M_C + \Delta M = 102.09 \text{kN·m}$

首先在结点 C，对 $-(M_C + \Delta M)$ 进行力矩分配与传递（前半个循环），然后在结点 B、D 进行力矩分配与传递（后半个循环），完成一个循环的计算。计算过程如图 2-7（b）所示，双横线上的数据为杆端弯矩的精确值，M 图如图 2-7（c）所示。

2.3 无侧移结构内部有四个或五个刚结点参与力矩分配的改进技术

如图 2-8 所示，结构内部的四个刚结点 B、C、D、E 可以首尾不相连、组成一个开口图形（如图 2-8（a）所示），也可以首尾相连、组成一个封闭图形（如图 2-8（b）所示），以下分析中分别讨论这两种情况的改进技术。

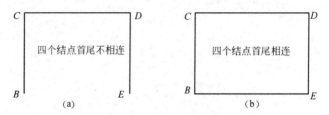

图 2-8 内部结点连接情况示意图

2.3.1 内部四个刚结点参与力矩分配（结点首尾不相连情况）

2.3.1.1 改进原理

对图 2-9 所示内部含有四个刚结点的五跨连续梁，结点 B、C、D、E 首尾不相连。将结点分成两组，轮流放松约束。其中不相邻的 B、D 结点为一组，C、E 结点为另一组。在经典多结点力矩分配法的基础上，首次对结点 B、D 放松约束时，分别提前施加两个约束力矩增量 Δx、Δy 并参与力矩分配与传递，如图 2-9（c）所示。通过对两组结点轮流放松约束，完成单个循环的计算。令 Δx、Δy 等于结点 C、E 放松完成后，由传递弯矩在结点 B、D 产生的约束力矩，即 $\Delta x = M'_B = M''_{BC}$，$\Delta y = M'_D = M''_{DC} + M''_{DE}$，如图 2-9（d）所示，此时结点 B、C、D、E 的约束力矩都等于零。证明如下：

（1）放松结点 C、E 时，分别施加力偶 $-M'_C$、$-M'_E$，其中 $M'_C = M_C + M'_{CB} + M'_{CD}$，$M'_E = M_E + M'_{ED}$。放松后，结点 C 的约束力矩变为 $M'_C + (-M'_C) = 0$，结点 E 的约束力矩变为 $M'_E + (-M'_E) = 0$。

（2）放松结点 C、E 后，结点 B 的约束力矩变为 $M_B + [-(M_B + \Delta x)] + M'_B$，由于 $M'_B = M''_{BC} = \Delta x$，因此，$M_B + [-(M_B + \Delta x)] + M'_B = 0$，即结点 B 的约束力矩为零。

（3）放松结点 C、E 后，结点 D 的约束力矩变为 $M_D + [-(M_D + \Delta y)] + M'_D$，由于 $M'_D = M''_{DC} + M''_{DE} = \Delta y$，因此，$M_D + [-(M_D + \Delta y)] + M'_D = 0$，即结点 D

的约束力矩为零。

结点 B、C、D、E 的约束力矩都等于零,这就是结构真实的状态。因此,经过一个循环后累加的变形和内力就是结构真实的变形和内力。可见经过一个循环,就快速得到了杆端弯矩的精确值。

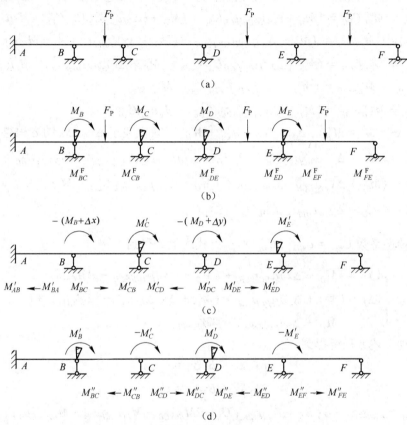

图 2-9 多结点力矩分配法的改进
(内部四个结点首尾不连接)

2.3.1.2 约束力矩增量 Δx 与 Δy 的计算

图 2-9 (c) 所示放松结点 B、D,约束结点 C、E 状态 (前半个循环),经过力矩的分配和传递,则有:

$$M'_{BC} = -(M_B + \Delta x)\mu_{BC} , \quad M'_{CB} = M'_{BC}C_{BC} = -(M_B + \Delta x)\mu_{BC}C_{BC}$$

$$M'_{DC} = -(M_D + \Delta y)\mu_{DC} , \quad M'_{CD} = M'_{DC}C_{CD} = -(M_D + \Delta y)\mu_{DC}C_{CD}$$

$$M'_{DE} = -(M_D + \Delta y)\mu_{DE} , \quad M'_{ED} = M'_{DE}C_{DE} = -(M_D + \Delta y)\mu_{DE}C_{DE}$$

此时,结点 C 的约束力矩变为:

$$M'_C = M_C + M'_{CB} + M'_{CD} = M_C - (M_B + \Delta x)\mu_{BC}C_{BC} - (M_D + \Delta y)\mu_{DC}C_{CD}$$

结点 E 的约束力矩变为:

$$M'_E = M_E + M'_{ED} = M_E - (M_D + \Delta y)\mu_{DE}C_{DE}$$

图 2-9（d）所示放松结点 C、E，约束结点 B、D 状态（后半个循环），经过力矩的分配和传递，则有：

$$M''_{CB} = -M'_C\mu_{CB} = (M_B + \Delta x)\mu_{BC}\mu_{CB}C_{BC} + (M_D + \Delta y)\mu_{DC}\mu_{CB}C_{CD} - M_C\mu_{CB}$$

$$M''_{BC} = M''_{CB}C_{BC} = (M_B + \Delta x)\mu_{BC}\mu_{CB}C^2_{BC} + (M_D + \Delta y)\mu_{DC}\mu_{CB}C_{CD}C_{BC} - M_C\mu_{CB}C_{BC}$$

$$M''_{CD} = -M'_C\mu_{CD} = (M_B + \Delta x)\mu_{BC}C_{BC}\mu_{CD} + (M_D + \Delta y)\mu_{DC}\mu_{CD}C_{CD} - M_C\mu_{CD}$$

$$M''_{DC} = M''_{CD}C_{CD} = (M_B + \Delta x)\mu_{BC}\mu_{CD}C_{BC}C_{CD} + (M_D + \Delta y)\mu_{DC}\mu_{CD}C^2_{CD} - M_C\mu_{CD}C_{CD}$$

$$M''_{ED} = -M'_E\mu_{ED} = (M_D + \Delta y)\mu_{DE}\mu_{ED}C_{DE} - M_E\mu_{ED}$$

$$M''_{DE} = M''_{ED}C_{DE} = (M_D + \Delta y)\mu_{DE}\mu_{ED}C^2_{DE} - M_E\mu_{ED}C_{DE}$$

令 $\Delta x = M'_B = M''_{BC}$，$\Delta y = M'_D = M''_{DC} + M''_{DE}$，建立关于 Δx、Δy 的方程组，即

$$\begin{cases} \Delta x = (M_B + \Delta x)\mu_{BC}\mu_{CB}C^2_{BC} + (M_D + \Delta y)\mu_{DC}\mu_{CB}C_{CD}C_{BC} - M_C\mu_{CB}C_{BC} \\ \Delta y = (M_B + \Delta x)\mu_{BC}\mu_{CD}C_{BC}C_{CD} + (M_D + \Delta y)\mu_{DC}\mu_{CD}C^2_{CD} - M_C\mu_{CD}C_{CD} + \\ \qquad (M_D + \Delta y)\mu_{DE}\mu_{ED}C^2_{DE} - M_E\mu_{ED}C_{DE} \end{cases}$$

将传递系数 $C_{BC} = C_{CD} = C_{DE} = \dfrac{1}{2}$，代入上式得到：

$$\begin{cases} 4\Delta x = (M_B + \Delta x)\mu_{BC}\mu_{CB} + (M_D + \Delta y)\mu_{DC}\mu_{CB} - 2M_C\mu_{CB} \\ 4\Delta y = (M_B + \Delta x)\mu_{BC}\mu_{CD} + (M_D + \Delta y)\mu_{DC}\mu_{CD} - 2M_C\mu_{CD} + \\ \qquad (M_D + \Delta y)\mu_{DE}\mu_{ED} - 2M_E\mu_{ED} \end{cases}$$

整理上述方程组得到：

$$\begin{cases} A_1\Delta x + B_1\Delta y = C_1 \\ A_2\Delta x + B_2\Delta y = C_2 \end{cases}$$

式中，$A_1 = \mu_{BC}\mu_{CB} - 4$；$B_1 = \mu_{DC}\mu_{CB}$；$C_1 = 2M_C\mu_{CB} - M_B\mu_{BC}\mu_{CB} - M_D\mu_{DC}\mu_{CB}$；$A_2 = \mu_{BC}\mu_{CD}$；$B_2 = \mu_{DC}\mu_{CD} + \mu_{DE}\mu_{ED} - 4$；$C_2 = 2M_C\mu_{CD} + 2M_E\mu_{ED} - M_B\mu_{BC}\mu_{CD} - M_D(\mu_{DC}\mu_{CD} + \mu_{DE}\mu_{ED})$。

解得

$$\Delta x = \frac{D_1}{D_0}, \qquad \Delta y = \frac{D_2}{D_0} \qquad\qquad (2-3)$$

式中，$D_1 = \begin{vmatrix} C_1 & B_1 \\ C_2 & B_2 \end{vmatrix}$，$D_2 = \begin{vmatrix} A_1 & C_1 \\ A_2 & C_2 \end{vmatrix}$，$D_0 = \begin{vmatrix} A_1 & B_1 \\ A_2 & B_2 \end{vmatrix}$。

式（2-3）为内部结点 B、C、D、E 首尾不相连情况下、约束力矩增量 Δx 和 Δy 的计算公式。上述各式中，M_E 为约束状态下荷载作用产生的 E 结点约束力矩，等于 E 结点的固端弯矩之和；μ_{DE} 为 DE 杆在近端 D 的分配系数；μ_{ED} 为 DE 杆在近端 E 的分配系数；其余符号意义同前。

2.3.2 内部四个刚结点参与力矩分配（结点首尾相连情况）

2.3.2.1 改进原理

对图 2-10 所示内部含有四个刚结点的五跨连续梁，结点 B、E 间画一虚线，用以说明结点 B、E 间有一根等截面直杆相连，即结点 B、C、D、E 首尾相连组成一个封闭图形（如图 2-8（b）所示）。将结点分成两组，轮流放松约束。其中不相邻的 B、D 结点为一组，C、E 结点为另一组。在经典多结点力矩分配法的基础上，首次对结点 B、D 放松约束时，分别提前施加两个约束力矩增量 Δx、Δy 并参与力矩分配与传递，如图 2-10（c）所示。通过对两组结点轮流放松约束，完成单个循环的计算。令 Δx、Δy 等于结点 C、E 放松完成后，由传递弯矩在结点 B、D 产生的约束力矩，即 $\Delta x = M'_B = M''_{BC} + M''_{BE}$，$\Delta y = M'_D = M''_{DC} + M''_{DE}$，如图 2-10（d）所示，此时结点 B、C、D、E 的约束力矩都等于零。证明如下：

（1）放松结点 C、E 时，分别施加力偶 $-M'_C$、$-M'_E$，其中 $M'_C = M_C + M'_{CB} + M'_{CD}$，$M'_E = M_E + M'_{EB} + M'_{ED}$。放松后，结点 C 的约束力矩变为 $M'_C + (-M'_C) = 0$，结点 E 的约束力矩变为 $M'_E + (-M'_E) = 0$。

（2）放松结点 C、E 后，结点 B 的约束力矩变为 $M_B + [-(M_B + \Delta x)] + M'_B$，由于 $M'_B = M''_{BC} + M''_{BE} = \Delta x$，因此，$M_B + [-(M_B + \Delta x)] + M'_B = 0$，即结点 B 的约束力矩为零。

（3）放松结点 C、E 后，结点 D 的约束力矩变为 $M_D + [-(M_D + \Delta y)] + M'_D$，由于 $M'_D = M''_{DC} + M''_{DE} = \Delta y$，因此，$M_D + [-(M_D + \Delta y)] + M'_D = 0$，即结点 D 的约束力矩为零。

结点 B、C、D、E 的约束力矩都等于零，这就是结构真实的状态。因此，经过一个循环后累加的变形和内力就是结构真实的变形和内力。可见经过一个循环，就快速得到了杆端弯矩的精确值。

2.3.2.2 约束力矩增量 Δx 与 Δy 的计算

图 2-10（c）所示放松结点 B、D，约束结点 C、E 状态（前半个循环），经过力矩的分配和传递，则有：

$$M'_{BC} = -(M_B + \Delta x)\mu_{BC}，M'_{CB} = M'_{BC}C_{BC} = -(M_B + \Delta x)\mu_{BC}C_{BC}$$

$$M'_{BE} = -(M_B + \Delta x)\mu_{BE}，M'_{EB} = M'_{BE}C_{BE} = -(M_B + \Delta x)\mu_{BE}C_{BE}$$

$$M'_{DC} = -(M_D + \Delta y)\mu_{DC}，M'_{CD} = M'_{DC}C_{DC} = -(M_D + \Delta y)\mu_{DC}C_{CD}$$

$$M'_{DE} = -(M_D + \Delta y)\mu_{DE}，M'_{ED} = M'_{DE}C_{DE} = -(M_D + \Delta y)\mu_{DE}C_{DE}$$

此时，结点 C 的约束力矩变为：

$$M'_C = M_C + M'_{CB} + M'_{CD} = M_C - (M_B + \Delta x)\mu_{BC}C_{BC} - (M_D + \Delta y)\mu_{DC}C_{CD}$$

结点 E 的约束力矩变为：

$$M'_E = M_E + M'_{EB} + M'_{ED} = M_E - (M_B + \Delta x)\mu_{BE}C_{BE} - (M_D + \Delta y)\mu_{DE}C_{DE}$$

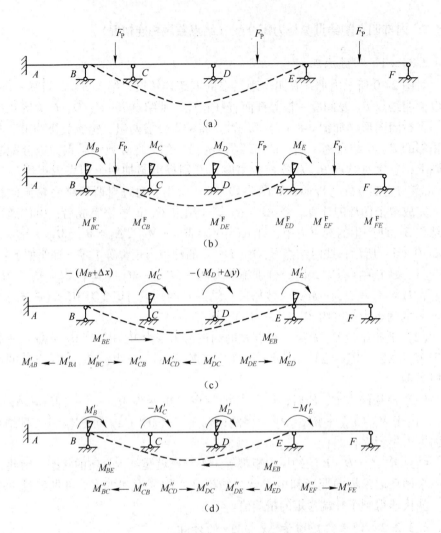

图 2-10 多结点力矩分配法的改进

(内部四个结点首尾连接)

图 2-10 (d) 所示放松结点 C、E，约束结点 B、D 状态（后半个循环），经过力矩的分配和传递，则有：

$$M''_{CB} = -M'_C\mu_{CB} = (M_B + \Delta x)\mu_{BC}\mu_{CB}C_{BC} + (M_D + \Delta y)\mu_{DC}\mu_{CB}C_{CD} - M_C\mu_{CB}$$

$$M''_{BC} = M''_{CB}C_{BC} = (M_B + \Delta x)\mu_{BC}\mu_{CB}C^2_{BC} + (M_D + \Delta y)\mu_{DC}\mu_{CB}C_{CD}C_{BC} - M_C\mu_{CB}C_{BC}$$

$$M''_{CD} = -M'_C\mu_{CD} = (M_B + \Delta x)\mu_{BC}C_{BC}\mu_{CD} + (M_D + \Delta y)\mu_{DC}\mu_{CD}C_{CD} - M_C\mu_{CD}$$

$$M''_{DC} = M''_{CD}C_{CD} = (M_B + \Delta x)\mu_{BC}\mu_{CD}C_{BC}C_{CD} + (M_D + \Delta y)\mu_{DC}\mu_{CD}C^2_{CD} - M_C\mu_{CD}C_{CD}$$

$$M''_{EB} = -M'_E\mu_{EB} = (M_B + \Delta x)\mu_{BE}\mu_{EB}C_{BE} + (M_D + \Delta y)\mu_{DE}\mu_{EB}C_{DE} - M_E\mu_{EB}$$

$$M''_{BE} = M''_{EB}C_{BE} = (M_B + \Delta x)\mu_{BE}\mu_{EB}C^2_{BE} + (M_D + \Delta y)\mu_{DE}\mu_{EB}C_{DE}C_{BE} - M_E\mu_{EB}C_{BE}$$

$$M''_{ED} = -M'_E\mu_{ED} = (M_B + \Delta x)\mu_{BE}\mu_{ED}C_{BE} + (M_D + \Delta y)\mu_{DE}\mu_{ED}C_{DE} - M_E\mu_{ED}$$

$$M''_{DE} = M''_{ED}C_{DE} = (M_B + \Delta x)\mu_{BE}\mu_{ED}C_{BE}C_{DE} + (M_D + \Delta y)\mu_{DE}\mu_{ED}C_{DE}^2 - M_E\mu_{ED}C_{DE}$$

令 $\Delta x = M'_B = M''_{BC} + M''_{BE}$，$\Delta y = M'_D = M''_{DC} + M''_{DE}$，建立关于 Δx、Δy 的方程组，即

$$\begin{cases}\Delta x = (M_B+\Delta x)\mu_{BC}\mu_{CB}C_{BC}^2+(M_D+\Delta y)\mu_{DC}\mu_{CB}C_{CD}C_{BC}-M_C\mu_{CB}C_{BC}+\\ \qquad (M_B+\Delta x)\mu_{BE}\mu_{EB}C_{BE}^2+(M_D+\Delta y)\mu_{DE}\mu_{EB}C_{DE}C_{BE}-M_E\mu_{EB}C_{BE}\\ \Delta y = (M_B+\Delta x)\mu_{BC}\mu_{CD}C_{BC}C_{CD}+(M_D+\Delta y)\mu_{DC}\mu_{CD}C_{CD}^2-M_C\mu_{CD}C_{CD}+\\ \qquad (M_B+\Delta x)\mu_{BE}\mu_{ED}C_{BE}C_{DE}+(M_D+\Delta y)\mu_{DE}\mu_{ED}C_{DE}^2-M_E\mu_{ED}C_{DE}\end{cases}$$

将传递系数 $C_{BC} = C_{BE} = C_{CD} = C_{DE} = \dfrac{1}{2}$，代入上式得到：

$$\begin{cases}4\Delta x = (M_B + \Delta x)\mu_{BC}\mu_{CB} + (M_D + \Delta y)\mu_{DC}\mu_{CB} - 2M_C\mu_{CB} +\\ \qquad (M_B + \Delta x)\mu_{BE}\mu_{EB} + (M_D + \Delta y)\mu_{DE}\mu_{EB} - 2M_E\mu_{EB}\\ 4\Delta y = (M_B + \Delta x)\mu_{BC}\mu_{CD} + (M_D + \Delta y)\mu_{DC}\mu_{CD} - 2M_C\mu_{CD} +\\ \qquad (M_B + \Delta x)\mu_{BE}\mu_{ED} + (M_D + \Delta y)\mu_{DE}\mu_{ED} - 2M_E\mu_{ED}\end{cases}$$

整理上述方程组得到：

$$\begin{cases}A_1\Delta x + B_1\Delta y = C_1\\ A_2\Delta x + B_2\Delta y = C_2\end{cases}$$

式中，$A_1 = \mu_{BC}\mu_{CB} + \mu_{BE}\mu_{EB} - 4$；$B_1 = \mu_{DC}\mu_{CB} + \mu_{DE}\mu_{EB}$；$C_1 = (2M_C - M_B\mu_{BC} - M_D\mu_{DC})\mu_{CB} + (2M_E - M_B\mu_{BE} - M_D\mu_{DE})\mu_{EB}$；$A_2 = \mu_{BC}\mu_{CD} + \mu_{BE}\mu_{ED}$；$B_2 = \mu_{DC}\mu_{CD} + \mu_{DE}\mu_{ED} - 4$；$C_2 = (2M_C - M_B\mu_{BC} - M_D\mu_{DC})\mu_{CD} + (2M_E - M_B\mu_{BE} - M_D\mu_{DE})\mu_{ED}$。

解得

$$\Delta x = \frac{D_1}{D_0}, \qquad \Delta y = \frac{D_2}{D_0} \tag{2-4}$$

式中，$D_1 = \begin{vmatrix} C_1 & B_1 \\ C_2 & B_2 \end{vmatrix}$；$D_2 = \begin{vmatrix} A_1 & C_1 \\ A_2 & C_2 \end{vmatrix}$；$D_0 = \begin{vmatrix} A_1 & B_1 \\ A_2 & B_2 \end{vmatrix}$。

式（2-4）为内部结点 B、C、D、E 首尾相连情况下、约束力矩增量 Δx 和 Δy 的计算公式，相关符号意义同前。

2.3.3 内部有五个刚结点参与力矩分配

2.3.3.1 改进原理

对图 2-11 所示内部含有五个结点的六跨连续梁，将结点分成两组，轮流放松约束。其中不相邻的 B、D、F 结点为一组，C、E 结点为另一组。在经典多结点力矩分配法的基础上，首次对结点 C、E 放松约束时，分别提前施加两个约束力矩增量 Δx、Δy 并参与力矩分配与传递，如图 2-11（c）所示。通过对两组结

点轮流放松约束，完成单个循环的计算。令 ΔM 等于结点 B、D、F 放松完成后，由传递弯矩在结点 C、E 产生的约束力矩，即 $\Delta x = M_C'' = M_{CB}'' + M_{CD}''$，$\Delta y = M_E' = M_{ED}'' + M_{EF}''$，如图 2-11 （d）所示，此时结点 B、C、D、E、F 的约束力矩都等于零。证明如下：

（1）放松结点 B、D、F 时，分别施加力偶 $-M_B'$、$-M_D'$、$-M_F'$，其中 $M_B' = M_B + M_{BC}'$，$M_D' = M_D + M_{DC}' + M_{DE}'$，$M_F' = M_F + M_{FE}'$。放松后，结点 B 的约束力矩变为 $M_B' + (-M_B') = 0$，结点 D 的约束力矩变为 $M_D' + (-M_D') = 0$，结点 F 的约束力矩变为 $M_F' + (-M_F') = 0$。

（2）放松结点 B、D、F 后，结点 C 的约束力矩变为 $M_C + [-(M_C + \Delta x)] + M_C'$，由于 $M_C' = M_{CB}'' + M_{CD}'' = \Delta x$，因此，$M_C + [-(M_C + \Delta x)] + M_C' = 0$，即结点 C 的约束力矩为零。

（3）放松结点 B、D、F 后，结点 E 的约束力矩变为 $M_E + [-(M_E + \Delta y)] + M_E'$，由于 $M_E' = M_{ED}'' + M_{EF}'' = \Delta y$，因此，$M_E + [-(M_E + \Delta y)] + M_E' = 0$，即结点 E

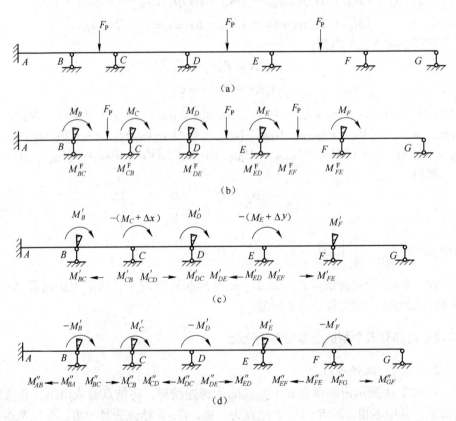

图 2-11　多结点力矩分配法的改进

(内部含有五个结点)

的约束力矩为零。

结点 B、C、D、E、F 的约束力矩都等于零，这就是结构真实的状态。因此，经过一个循环后累加的变形和内力就是结构真实的变形和内力。可见经过一个循环，就快速得到了杆端弯矩的精确值。

2.3.3.2 约束力矩增量 Δx 与 Δy 的计算

图 2-11（c）所示放松结点 C、E，约束结点 B、D、F 状态（前半个循环），经过力矩的分配和传递，则有：

$$M'_{CB} = -(M_C + \Delta x)\mu_{CB} \, , \, M'_{BC} = M'_{CB}C_{BC} = -(M_C + \Delta x)\mu_{CB}C_{BC}$$

$$M'_{CD} = -(M_C + \Delta x)\mu_{CD} \, , \, M'_{DC} = M'_{CD}C_{CD} = -(M_C + \Delta x)\mu_{CD}C_{CD}$$

$$M'_{ED} = -(M_E + \Delta y)\mu_{ED} \, , \, M'_{DE} = M'_{ED}C_{DE} = -(M_E + \Delta y)\mu_{ED}C_{DE}$$

$$M'_{EF} = -(M_E + \Delta y)\mu_{EF} \, , \, M'_{FE} = M'_{EF}C_{EF} = -(M_E + \Delta y)\mu_{EF}C_{EF}$$

结点 B 的约束力矩变为：

$$M'_B = M_B + M'_{BC} = M_B - (M_C + \Delta x)\mu_{CB}C_{BC}$$

结点 D 的约束力矩变为：

$$M'_D = M_D + M'_{DC} + M'_{DE} = M_D - (M_C + \Delta x)\mu_{CD}C_{CD} - (M_E + \Delta y)\mu_{ED}C_{DE}$$

结点 F 的约束力矩变为：

$$M'_F = M_F + M'_{FE} = M_F - (M_E + \Delta y)\mu_{EF}C_{EF}$$

图 2-11（d）所示放松结点 B、D、F，约束结点 C、E 状态（后半个循环），经过力矩的分配和传递，则有：

$$M''_{BC} = -M'_B\mu_{BC} = [(M_C + \Delta x)\mu_{CB}C_{BC} - M_B]\mu_{BC}$$

$$M''_{CB} = M''_{BC}C_{BC} = [(M_C + \Delta x)\mu_{CB}C_{BC} - M_B]\mu_{BC}C_{BC}$$

$$M''_{DC} = -M'_D\mu_{DC} = [(M_C + \Delta x)\mu_{CD}C_{CD} + (M_E + \Delta y)\mu_{ED}C_{DE} - M_D]\mu_{DC}$$

$$M''_{CD} = M''_{DC}C_{CD} = [(M_C + \Delta x)\mu_{CD}C_{CD} + (M_E + \Delta y)\mu_{ED}C_{DE} - M_D]\mu_{DC}C_{CD}$$

$$M''_{DE} = -M'_D\mu_{DE} = [(M_C + \Delta x)\mu_{CD}C_{CD} + (M_E + \Delta y)\mu_{ED}C_{DE} - M_D]\mu_{DE}$$

$$M''_{ED} = M''_{DE}C_{DE} = [(M_C + \Delta x)\mu_{CD}C_{CD} + (M_E + \Delta y)\mu_{ED}C_{DE} - M_D]\mu_{DE}C_{DE}$$

$$M''_{FE} = -M'_F\mu_{FE} = [(M_E + \Delta y)\mu_{EF}C_{EF} - M_F]\mu_{FE}$$

$$M''_{EF} = M''_{FE}C_{EF} = [(M_E + \Delta y)\mu_{EF}C_{EF} - M_F]\mu_{FE}C_{EF}$$

令 $\Delta x = M'_C = M''_{CB} + M''_{CD}$，$\Delta y = M'_E = M''_{ED} + M''_{EF}$，建立关于 Δx、Δy 的方程组，即

$$\begin{cases} \Delta x = [(M_C + \Delta x)\mu_{CB}C_{BC} - M_B]\mu_{BC}C_{BC} + [(M_C + \Delta x)\mu_{CD}C_{CD} + \\ \qquad (M_E + \Delta y)\mu_{ED}C_{DE} - M_D]\mu_{DC}C_{CD} \\ \Delta y = [(M_C + \Delta x)\mu_{CD}C_{CD} + (M_E + \Delta y)\mu_{ED}C_{DE} - M_D]\mu_{DE}C_{DE} + \\ \qquad [(M_E + \Delta y)\mu_{EF}C_{EF} - M_F]\mu_{FE}C_{EF} \end{cases}$$

将传递系数 $C_{BC} = C_{CD} = C_{DE} = C_{EF} = \dfrac{1}{2}$，代入上式得到：

$$\begin{cases} 4\Delta x = \left[(M_C+\Delta x)\mu_{CB} - 2M_B \right]\mu_{BC} + \left[(M_C+\Delta x)\mu_{CD} + (M_E+\Delta y)\mu_{ED} - 2M_D \right]\mu_{DC} \\ 4\Delta y = \left[(M_C+\Delta x)\mu_{CD} + (M_E+\Delta y)\mu_{ED} - 2M_D \right]\mu_{DE} + \left[(M_E+\Delta y)\mu_{EF} - 2M_F \right]\mu_{FE} \end{cases}$$

整理上述方程组得到：

$$\begin{cases} A_1\Delta x + B_1\Delta y = C_1 \\ A_2\Delta x + B_2\Delta y = C_2 \end{cases}$$

式中，$A_1 = \mu_{CB}\mu_{BC} + \mu_{CD}\mu_{DC} - 4$；$B_1 = \mu_{ED}\mu_{DC}$；$C_1 = (2M_B - M_C\mu_{CB})\mu_{BC} + (2M_D - M_C\mu_{CD} - M_E\mu_{ED})\mu_{DC}$；$A_2 = \mu_{CD}\mu_{DE}$；$B_2 = \mu_{ED}\mu_{DE} + \mu_{EF}\mu_{FE} - 4$；$C_2 = (2M_D - M_C\mu_{CD} - M_E\mu_{ED})\mu_{DE} + (2M_F - M_E\mu_{EF})\mu_{FE}$。

解得 $$\Delta x = \frac{D_1}{D_0}, \qquad \Delta y = \frac{D_2}{D_0} \tag{2-5}$$

式中，$D_0 = \begin{vmatrix} A_1 & B_1 \\ A_2 & B_2 \end{vmatrix}$；$D_1 = \begin{vmatrix} C_1 & B_1 \\ C_2 & B_2 \end{vmatrix}$；$D_2 = \begin{vmatrix} A_1 & C_1 \\ A_2 & C_2 \end{vmatrix}$。

式 (2-5) 为内部结点 B、C、D、E、F 首尾不相连情况下、约束力矩增量 Δx 和 Δy 的计算公式。上述各式中，M_F 为约束状态下荷载作用产生的 F 结点约束力矩，等于 F 结点的固端弯矩之和；μ_{EF} 为 EF 杆在近端 E 的分配系数；μ_{FE} 为 EF 杆在近端 F 的分配系数；其余符号意义同前。

2.3.4 应用举例

例 2-4 图 2-12 （a）所示刚架结构，用改进的多结点力矩分配法计算杆端弯矩的精确值并作 M 图。

解： 本题属于内部结点 B、C、D、E 首尾不相连情况。

对 B、C、D、E 施加约束，建立约束状态。荷载作用下，固端弯矩分别为：

$$M_{CD}^F = -\frac{1}{8} \times 50 \times 4 = -25\text{kN} \cdot \text{m}, \quad M_{DC}^F = \frac{1}{8} \times 50 \times 4 = 25\text{kN} \cdot \text{m}$$

$$M_{EH}^F = -\frac{1}{3} \times 10 \times 4^2 = -53.33\text{kN} \cdot \text{m}, \quad M_{HE}^F = -\frac{1}{6} \times 10 \times 4^2 = -26.67\text{kN} \cdot \text{m}$$

结点 B、C、D、E 产生的约束力矩分别为：

$$M_B = 0, \quad M_C = M_{CD}^F = -25\text{kN} \cdot \text{m}$$

$$M_D = M_{DC}^F = 25\text{kN} \cdot \text{m}, \quad M_E = M_{EH}^F = -53.33\text{kN} \cdot \text{m}$$

分配系数为：

$$\mu_{BC} = \frac{4i}{4i + 4i + 4i} = \frac{1}{3}, \quad \mu_{CB} = \frac{4i}{4i + 4i + 4i} = \frac{1}{3}, \quad \mu_{CD} = \frac{4i}{4i + 4i + 4i} = \frac{1}{3}$$

$$\mu_{DC} = \frac{4i}{4i + 4i + i} = \frac{4}{9}, \quad \mu_{DE} = \frac{4i}{4i + 4i + i} = \frac{4}{9}, \quad \mu_{ED} = \frac{4i}{4i + 4i + i} = \frac{4}{9}$$

代入式 (2-3) 计算约束力矩增量得到 $\Delta x = 6.01\text{kN} \cdot \text{m}$，$\Delta y = 20.10\text{kN} \cdot \text{m}$。

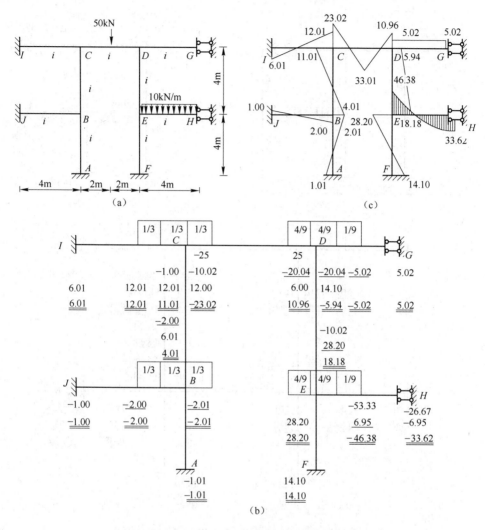

图 2-12 改进的多结点力矩分配法计算过程与 M 图

（（b）、（c）图中数字单位：kN·m）

于是 $M_B + \Delta x = 6.01 \text{kN·m}$ ，$M_D + \Delta y = 45.10 \text{kN·m}$

首先在结点 B 与结点 D ，分别对 $-(M_B + \Delta x)$ 、$-(M_D + \Delta y)$ 进行力矩分配与传递，然后在结点 C 与结点 E 进行力矩分配与传递，完成一个循环的计算。计算过程如图 2-12（b）所示，双横线上的数据为杆端弯矩的精确值，M 图如图 2-12（c）所示。

例 2-5 图 2-13（a）所示刚架结构，设 BE 杆件的线刚度 $i_2 \ll i_1$ ，i_1 为其余杆件的线刚度，用改进的多结点力矩分配法计算杆端弯矩的精确值并作 M 图。

解： 本题属于内部结点 B 、C 、D 、E 首尾相连的情况。

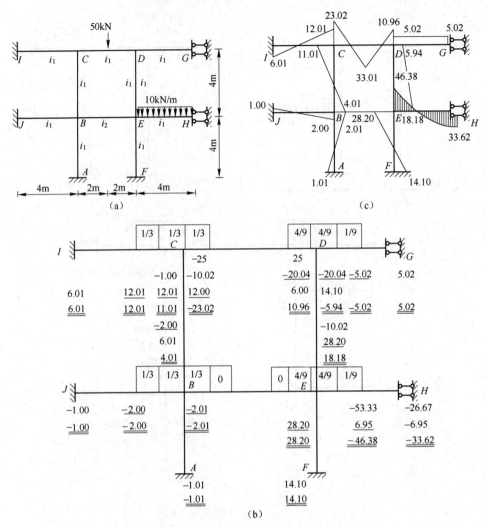

图 2-13 改进的多结点力矩分配法计算过程与 M 图

((b)、(c) 图中数字单位：kN·m)

当 *BE* 杆件的线刚度 $i_2 \ll i_1$ 时，可以忽略 *BE* 杆件对结构的约束作用，其计算结果就是例题 2-4 的计算结果。下面按照内部结点 *B*、*C*、*D*、*E* 首尾相连情况下的计算方法重新进行如下计算：

对 *B*、*C*、*D*、*E* 施加约束，建立约束状态。荷载作用下，固端弯矩分别为：

$$M_{CD}^{\mathrm{F}} = -\frac{1}{8} \times 50 \times 4 = -25\mathrm{kN \cdot m} , \quad M_{DC}^{\mathrm{F}} = \frac{1}{8} \times 50 \times 4 = 25\mathrm{kN \cdot m}$$

$$M_{EH}^{\mathrm{F}} = -\frac{1}{3} \times 10 \times 4^2 = -53.33\mathrm{kN \cdot m} , \quad M_{HE}^{\mathrm{F}} = -\frac{1}{6} \times 10 \times 4^2 = -26.67\mathrm{kN \cdot m}$$

结点 B、C、D、E 产生的约束力矩分别为：

$$M_B = 0 , M_C = M_{CD}^F = -25\text{kN} \cdot \text{m}$$

$$M_D = M_{DC}^F = 25\text{kN} \cdot \text{m} , M_E = M_{EH}^F = -53.33\text{kN} \cdot \text{m}$$

分配系数为：

$$\mu_{BE} = \mu_{EB} = 0$$

$$\mu_{BC} = \frac{4i}{4i+4i+4i} = \frac{1}{3} , \mu_{CB} = \frac{4i}{4i+4i+4i} = \frac{1}{3} , \mu_{CD} = \frac{4i}{4i+4i+4i} = \frac{1}{3}$$

$$\mu_{DC} = \frac{4i}{4i+4i+i} = \frac{4}{9} , \mu_{DE} = \frac{4i}{4i+4i+i} = \frac{4}{9} , \mu_{ED} = \frac{4i}{4i+4i+i} = \frac{4}{9}$$

代入式（2-4）计算约束力矩增量得到 $\Delta x = 6.01\text{kN} \cdot \text{m}$，$\Delta y = 20.10\text{kN} \cdot \text{m}$。
于是，$M_B + \Delta x = 6.01\text{kN} \cdot \text{m}$，$M_D + \Delta y = 45.10\text{kN} \cdot \text{m}$。

首先在结点 B 与结点 D，分别对 $-(M_B + \Delta x)$、$-(M_D + \Delta y)$ 进行力矩分配与传递，然后在结点 C 与结点 E 进行力矩分配与传递，完成一个循环的计算。计算过程如图 2-13（b）所示，双横线上的数据为杆端弯矩的精确值，M 图如图 2-13（c）所示。计算结果与例题 2-4 的计算结果完全相同。

例 2-6 图 2-14（a）所示刚架结构，用改进的多结点力矩分配法计算杆端弯矩的精确值并作 M 图。

解： 本题属于内部结点 B、C、D、E、F 首尾不相连情况。

对结点 B、C、D、E、F 施加约束，建立约束状态。荷载作用下，固端弯矩分别为：

$$M_{CD}^F = -\frac{1}{8} \times 80 \times 6 = -60\text{kN} \cdot \text{m} , M_{DC}^F = \frac{1}{8} \times 80 \times 6 = 60\text{kN} \cdot \text{m}$$

$$M_{FG}^F = -\frac{1}{8} \times 20 \times 6^2 = -90\text{kN} \cdot \text{m}$$

结点 B、C、D 产生的约束力矩分别为：

$$M_B = 0 , M_C = M_{CD}^F = -60\text{kN} \cdot \text{m} , M_D = M_{DC}^F = 60\text{kN} \cdot \text{m}$$

$$M_E = 0 , M_F = M_{FG}^F = -90\text{kN} \cdot \text{m}$$

分配系数为：

$$\mu_{BC} = \frac{4i}{4i+4i} = \frac{1}{2} , \mu_{CB} = \frac{4i}{4i+4i} = \frac{1}{2} , \mu_{CD} = \frac{4i}{4i+4i} = \frac{1}{2} , \mu_{DC} = \frac{4i}{4i+4i} = \frac{1}{2}$$

$$\mu_{DE} = \frac{4i}{4i+4i} = \frac{1}{2} , \mu_{ED} = \frac{4i}{4i+4i+4i} = \frac{1}{3}$$

$$\mu_{EF} = \frac{4i}{4i+4i+4i} = \frac{1}{3} , \mu_{FE} = \frac{4i}{4i+3i} = \frac{4}{7}$$

代入式（2-5）计算约束力矩增量得到 $\Delta x = -25.42\text{kN} \cdot \text{m}$，$\Delta y = 5.90\text{kN} \cdot \text{m}$。

于是，$M_C + \Delta x = -85.42\text{kN} \cdot \text{m}$，$M_E + \Delta y = 5.90\text{kN} \cdot \text{m}$。

首先在结点 C 与结点 E，分别对 $-(M_C + \Delta x)$、$-(M_E + \Delta y)$ 进行力矩分配与传递，然后在结点 B、D、F 进行力矩分配与传递，完成一个循环的计算。计算过程如图 2-14（b）所示，双横线上的数据为杆端弯矩的精确值，M 图如图 2-14（c）所示。

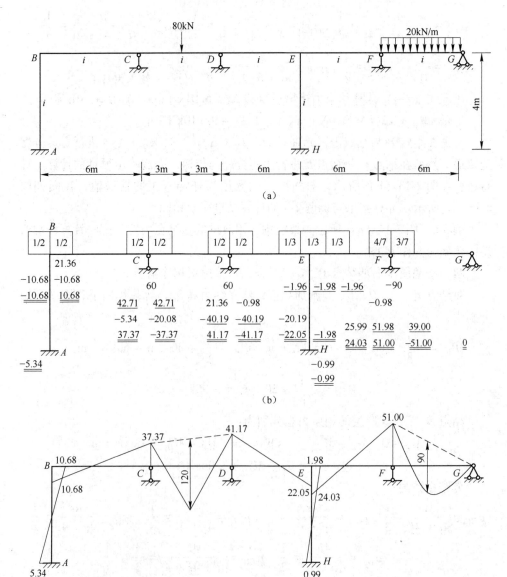

图 2-14　多结点力矩分配法计算过程与 M 图

（（b）、（c）图中数字单位：kN·m）

2.4 无侧移结构内部有六个或七个刚结点参与力矩分配的改进技术

图 2-15 所示结构内部的六个刚结点 B、C、D、E、F、G 在结构内部可以组成一个开口图形（如图 2-15（a）所示），也可以组成一个封闭图形（如图 2-15（b）所示），以下分析中分别讨论它们的改进技术。

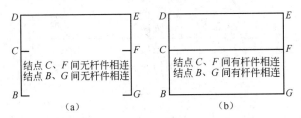

图 2-15　内部六个结点连接示意图

2.4.1　内部六个刚结点参与力矩分配（六个结点组成开口图形）

2.4.1.1　改进原理

内部含有六个刚结点的无侧移结构（如图 2-16 所示七跨连续梁），内部结点 B、C、D、E、F、G 组成一个开口图形（如图 2-15（a）所示）。

将结点分成两组，轮流放松约束。其中不相邻的 B、D、F 结点为一组，C、E、G 结点为另一组。在经典多结点力矩分配法的基础上，首次对结点 B、D、F 放松约束时，分别提前施加约束力矩增量 Δx、Δy、Δz，如图 2-16（c）所示。通过对两组结点轮流放松约束，完成单个循环的计算。令 Δx、Δy、Δz 分别等于结点 C、E、G 放松完成后，由传递弯矩在结点 B、D、F 产生的约束力矩，即 $\Delta x = M'_B = M''_{BC}$，$\Delta y = M'_D = M''_{DC} + M''_{DE}$，$\Delta z = M'_F = M''_{FE} + M''_{FG}$，如图 2-16（d）所示，此时结点 B、C、D、E、F、G 的约束力矩都等于零。证明如下：

（1）放松结点 C、E、G 时，分别施加力偶 $-M'_C$、$-M'_E$、$-M'_G$，其中 $M'_C = M_C + M'_{CB} + M'_{CD}$，$M'_E = M_E + M'_{ED} + M'_{EF}$，$M'_G = M_G + M'_{GF}$。放松后，结点 C 的约束力矩变为 $M'_C + (-M'_C) = 0$，结点 E 的约束力矩变为 $M'_E + (-M'_E) = 0$，结点 G 的约束力矩变为 $M'_G + (-M'_G) = 0$。

（2）放松结点 C、E、G 后，结点 B 的约束力矩变为 $M_B + [-(M_B + \Delta x)] + M'_B$，由于 $M'_B = M''_{BC} = \Delta x$，因此，$M_B + [-(M_B + \Delta x)] + M'_B = 0$，即结点 B 的约束力矩为零。

（3）放松结点 C、E、G 后，结点 D 的约束力矩变为 $M_D + [-(M_D + \Delta y)] + M'_D$，由于 $M'_D = M''_{DC} + M''_{DE} = \Delta y$，因此，$M_D + [-(M_D + \Delta y)] + M'_D = 0$，即结点 D 的约束力矩为零。

（4）放松结点 C、E、G 后，结点 F 的约束力矩变为 $M_F + [-(M_F + \Delta z)] +$

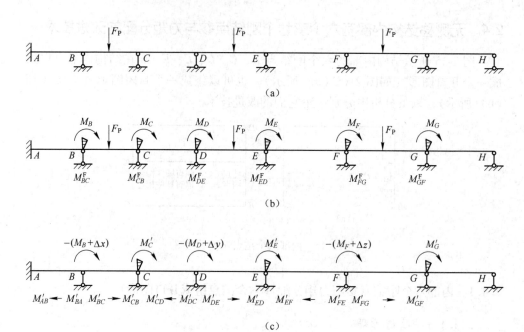

图 2-16   多结点力矩分配法的改进

（内部六个结点组成开口图形）

M'_F ，由于 $M'_F = M''_{FE} + M''_{FG} = \Delta z$ ，因此，$M_F + [-(M_F + \Delta z)] + M'_F = 0$ ，即结点 F 的约束力矩为零。

结点 B、C、D、E、F、G 的约束力矩都等于零，这就是结构真实的状态。因此，经过一个循环后累加的变形和内力就是结构真实的变形和内力。可见经过一个循环，就快速得到了杆端弯矩的精确值。

2.4.1.2   约束力矩增量 Δx、Δy、Δz 的计算

图 2-16（c）所示放松结点 B、D、F，约束结点 C、E、G 状态（前半个循环），经过力矩的分配和传递，则有：

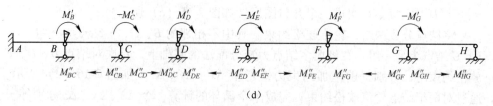

$$M'_{BA} = -(M_B + \Delta x)\mu_{BA} ，M'_{BC} = -(M_B + \Delta x)\mu_{BC}$$

$$M'_{CB} = M'_{BC}C_{BC} = -(M_B + \Delta x)\mu_{BC}C_{BC}$$

$$M'_{DC} = -(M_D + \Delta y)\mu_{DC} ，M'_{CD} = M'_{DC}C_{CD} = -(M_D + \Delta y)\mu_{DC}C_{CD}$$

$$M'_{DE} = -(M_D + \Delta y)\mu_{DE} ，M'_{ED} = M'_{DE}C_{DE} = -(M_D + \Delta y)\mu_{DE}C_{DE}$$

$$M'_{FE} = -(M_F + \Delta z)\mu_{FE} , \quad M'_{EF} = M'_{FE}C_{EF} = -(M_F + \Delta z)\mu_{FE}C_{EF}$$
$$M'_{FG} = -(M_F + \Delta z)\mu_{FG} , \quad M'_{GF} = M'_{FG}C_{FG} = -(M_F + \Delta z)\mu_{FG}C_{FG}$$

此时，结点 C 的约束力矩变为：

$$M'_C = M_C + M'_{CB} + M'_{CD} = M_C - (M_B + \Delta x)\mu_{BC}C_{BC} - (M_D + \Delta y)\mu_{DC}C_{CD}$$

结点 E 的约束力矩变为：

$$M'_E = M_E + M'_{ED} + M'_{EF} = M_E - (M_D + \Delta y)\mu_{DE}C_{DE} - (M_F + \Delta z)\mu_{FE}C_{EF}$$

结点 G 的约束力矩变为：

$$M'_G = M_G + M'_{GF} = M_G - (M_F + \Delta z)\mu_{FG}C_{FG}$$

图 2-16（d）所示放松结点 C、E、G，约束结点 B、D、F 状态（后半个循环），经过力矩的分配和传递，则有：

$$M''_{CB} = -M'_C\mu_{CB} = (M_B + \Delta x)\mu_{BC}\mu_{CB}C_{BC} + (M_D + \Delta y)\mu_{DC}\mu_{CB}C_{CD} - M_C\mu_{CB}$$
$$M''_{BC} = M''_{CB}C_{BC} = (M_B + \Delta x)\mu_{BC}\mu_{CB}C^2_{BC} + (M_D + \Delta y)\mu_{DC}\mu_{CB}C_{CD}C_{BC} - M_C\mu_{CB}C_{BC}$$
$$M''_{CD} = -M'_C\mu_{CD} = (M_B + \Delta x)\mu_{BC}C_{BC}\mu_{CD} + (M_D + \Delta y)\mu_{DC}\mu_{CD}C_{CD} - M_C\mu_{CD}$$
$$M''_{DC} = M''_{CD}C_{CD} = (M_B + \Delta x)\mu_{BC}\mu_{CD}C_{BC}C_{CD} + (M_D + \Delta y)\mu_{DC}\mu_{CD}C^2_{CD} - M_C\mu_{CD}C_{CD}$$
$$M''_{ED} = -M'_E\mu_{ED} = (M_D + \Delta y)\mu_{DE}\mu_{ED}C_{DE} + (M_F + \Delta z)\mu_{FE}\mu_{ED}C_{EF} - M_E\mu_{ED}$$
$$M''_{DE} = M''_{ED}C_{DE} = (M_D + \Delta y)\mu_{DE}\mu_{ED}C^2_{DE} + (M_F + \Delta z)\mu_{FE}\mu_{ED}C_{EF}C_{DE} - M_E\mu_{ED}C_{DE}$$
$$M''_{EF} = -M'_E\mu_{EF} = (M_D + \Delta y)\mu_{DE}\mu_{EF}C_{DE} + (M_F + \Delta z)\mu_{FE}\mu_{EF}C_{EF} - M_E\mu_{EF}$$
$$M''_{FE} = M''_{EF}C_{EF} = (M_D + \Delta y)\mu_{DE}\mu_{EF}C_{DE}C_{EF} + (M_F + \Delta z)\mu_{FE}\mu_{EF}C^2_{EF} - M_E\mu_{EF}C_{EF}$$
$$M''_{GF} = -M'_G\mu_{GF} = (M_F + \Delta z)\mu_{FG}\mu_{GF}C_{FG} - M_G\mu_{GF}$$
$$M''_{FG} = M''_{GF}C_{FG} = (M_F + \Delta z)\mu_{FG}\mu_{GF}C^2_{FG} - M_G\mu_{GF}C_{FG}$$

令 $\Delta x = M'_B = M''_{BC}$，$\Delta y = M'_D = M''_{DC} + M''_{DE}$，$\Delta z = M'_F = M''_{FE} + M''_{FG}$，建立关于 Δx、Δy、Δz 的方程组，即

$$\begin{cases}
\Delta x = (M_B + \Delta x)\mu_{BC}\mu_{CB}C^2_{BC} + (M_D + \Delta y)\mu_{DC}\mu_{CB}C_{CD}C_{BC} - M_C\mu_{CB}C_{BC} \\
\Delta y = (M_B + \Delta x)\mu_{BC}\mu_{CD}C_{BC}C_{CD} + (M_D + \Delta y)\mu_{DC}\mu_{CD}C^2_{CD} - M_C\mu_{CD}C_{CD} + \\
\qquad (M_D + \Delta y)\mu_{DE}\mu_{ED}C^2_{DE} + (M_F + \Delta z)\mu_{FE}\mu_{ED}C_{EF}C_{DE} - M_E\mu_{ED}C_{DE} \\
\Delta z = (M_D + \Delta y)\mu_{DE}\mu_{EF}C_{DE}C_{EF} + (M_F + \Delta z)\mu_{FE}\mu_{EF}C^2_{EF} - M_E\mu_{EF}C_{EF} + \\
\qquad (M_F + \Delta z)\mu_{FG}\mu_{GF}C^2_{FG} - M_G\mu_{GF}C_{FG}
\end{cases}$$

将传递系数 $C_{BC} = C_{CD} = C_{DE} = C_{EF} = C_{FG} = \dfrac{1}{2}$，代入上式得到

$$\begin{cases}
4\Delta x = (M_B + \Delta x)\mu_{BC}\mu_{CB} + (M_D + \Delta y)\mu_{DC}\mu_{CB} - 2M_C\mu_{CB} \\
4\Delta y = (M_B + \Delta x)\mu_{BC}\mu_{CD} + (M_D + \Delta y)\mu_{DC}\mu_{CD} - 2M_C\mu_{CD} + \\
\qquad (M_D + \Delta y)\mu_{DE}\mu_{ED} + (M_F + \Delta z)\mu_{FE}\mu_{ED} - 2M_E\mu_{ED} \\
4\Delta z = (M_D + \Delta y)\mu_{DE}\mu_{EF} + (M_F + \Delta z)\mu_{FE}\mu_{EF} - 2M_E\mu_{EF} + \\
\qquad (M_F + \Delta z)\mu_{FG}\mu_{GF} - 2M_G\mu_{GF}
\end{cases}$$

整理上述方程组得到：

$$\begin{cases} A_1\Delta x + B_1\Delta y + C_1\Delta z = D_1 \\ A_2\Delta x + B_2\Delta y + C_2\Delta z = D_2 \\ A_3\Delta x + B_3\Delta y + C_3\Delta z = D_3 \end{cases}$$

式中，$A_1 = \mu_{BC}\mu_{CB} - 4$；$B_1 = \mu_{DC}\mu_{CB}$；$C_1 = 0$；$D_1 = (2M_C - M_B\mu_{BC} - M_D\mu_{DC})\mu_{CB}$；$A_2 = \mu_{BC}\mu_{CD}$；$B_2 = \mu_{DC}\mu_{CD} + \mu_{DE}\mu_{ED} - 4$；$C_2 = \mu_{FE}\mu_{ED}$；$D_2 = (2M_C - M_B\mu_{BC} - M_D\mu_{DC})\mu_{CD} + (2M_E - M_D\mu_{DE} - M_F\mu_{FE})\mu_{ED}$；$A_3 = 0$；$B_3 = \mu_{DE}\mu_{EF}$；$C_3 = \mu_{FE}\mu_{EF} + \mu_{FG}\mu_{GF} - 4$；$D_3 = (2M_E - M_D\mu_{DE} - M_F\mu_{FE})\mu_{EF} + (2M_G - M_F\mu_{FG})\mu_{GF}$。

解得

$$\Delta x = \frac{E_1}{E_0}, \ \Delta y = \frac{E_2}{E_0}, \ \Delta z = \frac{E_3}{E_0} \tag{2-6}$$

式中

$$E_0 = \begin{vmatrix} A_1 & B_1 & C_1 \\ A_2 & B_2 & C_2 \\ A_3 & B_3 & C_3 \end{vmatrix}, \ E_1 = \begin{vmatrix} D_1 & B_1 & C_1 \\ D_2 & B_2 & C_2 \\ D_3 & B_3 & C_3 \end{vmatrix}$$

$$E_2 = \begin{vmatrix} A_1 & D_1 & C_1 \\ A_2 & D_2 & C_2 \\ A_3 & D_3 & C_3 \end{vmatrix}, \ E_3 = \begin{vmatrix} A_1 & B_1 & D_1 \\ A_2 & B_2 & D_2 \\ A_3 & B_3 & D_3 \end{vmatrix}$$

式（2-6）为约束力矩增量 Δx、Δy、Δz 的计算公式。上述各式中，M_G 为约束状态下荷载作用产生的 G 结点约束力矩，等于 G 结点的固端弯矩之和；μ_{FG} 为 FG 杆在近端 F 的分配系数；μ_{GF} 为 FG 杆在近端 G 的分配系数；其余符号意义同前。

2.4.2 内部六个刚结点参与力矩分配（六个结点组成封闭图形）

2.4.2.1 改进原理

图 2-17 所示内部含有六个刚结点的七跨连续梁，结点 B、G 间画一虚线，用以说明结点 B、G 间有一根等截面直杆相连，结点 C、F 间画一虚线，用以说明结点 C、F 间有一根等截面直杆相连，即结点 B、C、D、E、F、G 组成一个封闭图形（如图 2-15（b）所示）。

将结点分成两组，轮流放松约束。其中不相邻的 B、D、F 结点为一组，C、E、G 结点为另一组。在经典多结点力矩分配法的基础上，首次对结点 B、D、F 放松约束时，分别提前施加约束力矩增量 Δx、Δy、Δz，如图 2-17（c）所示。通过对两组结点轮流放松约束，完成单个循环的计算。令 Δx、Δy、Δz 分别等于结点 C、E、G 放松完成后，由传递弯矩在结点 B、D、F 产生的约束力矩，即 $\Delta x = M_B' = M_{BC}'' + M_{BG}''$、$\Delta y = M_D' = M_{DC}'' + M_{DE}''$、$\Delta z = M_F' = M_{FC}'' + M_{FE}'' + M_{FG}''$，如图 2-17

(d) 所示，此时结点 B、C、D、E、F、G 的约束力矩都等于零。证明如下：

（1）放松结点 C、E、G 时，分别施加力偶 $-M'_C$、$-M'_E$、$-M'_G$，其中 $M'_C = M_C + M'_{CB} + M'_{CD} + M'_{CF}$，$M'_E = M_E + M'_{ED} + M'_{EF}$，$M'_G = M_G + M'_{GB} + M'_{GF}$。放松后，结点 C 的约束力矩变为 $M'_C + (-M'_C) = 0$，结点 E 的约束力矩变为 $M'_E + (-M'_E) = 0$，结点 G 的约束力矩变为 $M'_G + (-M'_G) = 0$。

（2）放松结点 C、E、G 后，结点 B 的约束力矩变为 $M_B + [-(M_B + \Delta x)] + M'_B$，由于 $M'_B = M''_{BC} + M''_{BG} = \Delta x$，因此，$M_B + [-(M_B + \Delta x)] + M'_B = 0$，即结点 B 的约束力矩为零。

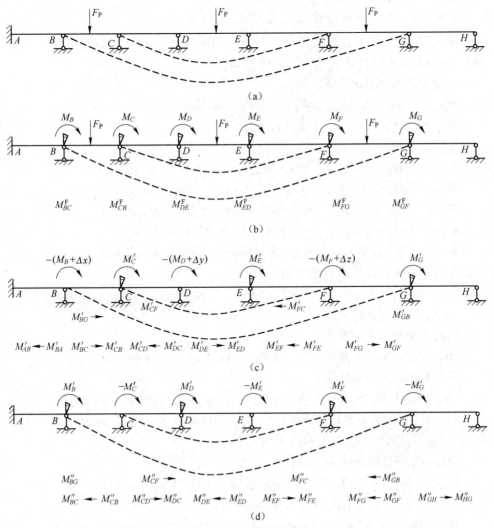

图 2-17 多结点力矩分配法的改进

（内部六个结点组成封闭图形）

（3）放松结点 C、E、G 后，结点 D 的约束力矩变为 $M_D + [-(M_D + \Delta y)] + M_D'$，由于 $M_D' = M_{DC}'' + M_{DE}'' = \Delta y$，因此，$M_D + [-(M_D + \Delta y)] + M_D' = 0$，即结点 D 的约束力矩为零。

（4）放松结点 C、E、G 后，结点 F 的约束力矩变为 $M_F + [-(M_F + \Delta z)] + M_F'$，由于 $M_F' = M_{FC}'' + M_{FE}'' + M_{FG}'' = \Delta z$，因此，$M_F + [-(M_F + \Delta z)] + M_F' = 0$，即结点 F 的约束力矩为零。

结点 B、C、D、E、F、G 的约束力矩都等于零，这就是结构真实的状态。因此，经过一个循环后累加的变形和内力就是结构真实的变形和内力。可见经过一个循环，就快速得到了杆端弯矩的精确值。

2.4.2.2　约束力矩增量 Δx、Δy、Δz 的计算

图 2-17（c）所示放松结点 B、D、F，约束结点 C、E、G 状态（前半个循环），局部的分配与传递简图如图 2-18 所示。

经过力矩的分配和传递，则有：

$$M_{BA}' = -(M_B + \Delta x)\mu_{BA}，M_{BC}' = -(M_B + \Delta x)\mu_{BC}$$

$$M_{CB}' = M_{BC}' C_{BC} = -(M_B + \Delta x)\mu_{BC} C_{BC}$$

$$M_{BG}' = -(M_B + \Delta x)\mu_{BG}，M_{GB}' = M_{BG}' C_{BG} = -(M_B + \Delta x)\mu_{BG} C_{BG}$$

$$M_{DC}' = -(M_D + \Delta y)\mu_{DC}，M_{CD}' = M_{DC}' C_{CD} = -(M_D + \Delta y)\mu_{DC} C_{CD}$$

$$M_{DE}' = -(M_D + \Delta y)\mu_{DE}，M_{ED}' = M_{DE}' C_{DE} = -(M_D + \Delta y)\mu_{DE} C_{DE}$$

$$M_{FC}' = -(M_F + \Delta z)\mu_{FC}，M_{CF}' = M_{FC}' C_{CF} = -(M_F + \Delta z)\mu_{FC} C_{CF}$$

$$M_{FE}' = -(M_F + \Delta z)\mu_{FE}，M_{EF}' = M_{FE}' C_{EF} = -(M_F + \Delta z)\mu_{FE} C_{EF}$$

$$M_{FG}' = -(M_F + \Delta z)\mu_{FG}，M_{GF}' = M_{FG}' C_{FG} = -(M_F + \Delta z)\mu_{FG} C_{FG}$$

此时，结点 C 的约束力矩变为：

$$M_C' = M_C + M_{CB}' + M_{CD}' + M_{CF}' = M_C - (M_B + \Delta x)\mu_{BC} C_{BC} - (M_D + \Delta y)\mu_{DC} C_{CD} - (M_F + \Delta z)\mu_{FC} C_{CF}$$

结点 E 的约束力矩变为：

$$M_E' = M_E + M_{ED}' + M_{EF}' = M_E - (M_D + \Delta y)\mu_{DE} C_{DE} - (M_F + \Delta z)\mu_{FE} C_{EF}$$

结点 G 的约束力矩变为：

$$M_G' = M_G + M_{GB}' + M_{GF}' = M_G - (M_B + \Delta x)\mu_{BG} C_{BG} - (M_F + \Delta z)\mu_{FG} C_{FG}$$

图 2-17（d）所示放松结点 C、E、G，约束结点 B、D、F 状态（后半个循环），局部的分配与传递简图如图 2-19 所示。

经过力矩的分配和传递，则有：

$$M_{CB}'' = -M_C' \mu_{CB} = (M_B + \Delta x)\mu_{BC}\mu_{CB} C_{BC} + (M_D + \Delta y)\mu_{DC}\mu_{CB} C_{CD} + (M_F + \Delta z)\mu_{FC}\mu_{CB} C_{CF} - M_C\mu_{CB}$$

$$M_{BC}'' = M_{CB}'' C_{BC} = (M_B + \Delta x)\mu_{BC}\mu_{CB} C_{BC}^2 + (M_D + \Delta y)\mu_{DC}\mu_{CB} C_{CD} C_{BC} + (M_F + \Delta z)\mu_{FC}\mu_{CB} C_{CF} C_{BC} - M_C\mu_{CB} C_{BC}$$

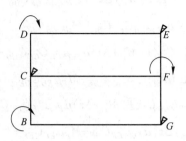 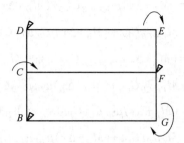

图 2-18　放松结点示意图（前半个循环）　　图 2-19　放松结点示意图（后半个循环）

$$M''_{CD} = - M'_C \mu_{CD} = (M_B + \Delta x)\mu_{BC} C_{BC}\mu_{CD} + (M_D + \Delta y)\mu_{DC}\mu_{CD} C_{CD} +$$
$$(M_F + \Delta z)\mu_{FC}\mu_{CD} C_{CF} - M_C\mu_{CD}$$

$$M''_{DC} = M''_{CD} C_{CD} = (M_B + \Delta x)\mu_{BC}\mu_{CD} C_{BC} C_{CD} + (M_D + \Delta y)\mu_{DC}\mu_{CD} C^2_{CD} +$$
$$(M_F + \Delta z)\mu_{FC}\mu_{CD} C_{CF} C_{CD} - M_C\mu_{CD} C_{CD}$$

$$M''_{CF} = - M'_C\mu_{CF} = (M_B + \Delta x)\mu_{BC} C_{BC}\mu_{CF} + (M_D + \Delta y)\mu_{DC}\mu_{CF} C_{CD} +$$
$$(M_F + \Delta z)\mu_{FC}\mu_{CF} C_{CF} - M_C\mu_{CF}$$

$$M''_{FC} = M''_{CF} C_{CF} = (M_B + \Delta x)\mu_{BC}\mu_{CF} C_{BC} C_{CF} + (M_D + \Delta y)\mu_{DC}\mu_{CF} C_{CD} C_{CF} +$$
$$(M_F + \Delta z)\mu_{FC}\mu_{CF} C_{CF} C_{CF} - M_C\mu_{CF} C_{CF}$$

$$M''_{ED} = - M'_E\mu_{ED} = (M_D + \Delta y)\mu_{DE}\mu_{ED} C_{DE} + (M_F + \Delta z)\mu_{FE}\mu_{ED} C_{EF} - M_E\mu_{ED}$$

$$M''_{DE} = M''_{ED} C_{DE} = (M_D + \Delta y)\mu_{DE}\mu_{ED} C^2_{DE} + (M_F + \Delta z)\mu_{FE}\mu_{ED} C_{EF} C_{DE} -$$
$$M_E\mu_{ED} C_{DE}$$

$$M''_{EF} = - M'_E\mu_{EF} = (M_D + \Delta y)\mu_{DE}\mu_{EF} C_{DE} + (M_F + \Delta z)\mu_{FE}\mu_{EF} C_{EF} -$$
$$M_E\mu_{EF}$$

$$M''_{FE} = M''_{EF} C_{EF} = (M_D + \Delta y)\mu_{DE}\mu_{EF} C_{DE} C_{EF} + (M_F + \Delta z)\mu_{FE}\mu_{EF} C^2_{EF} -$$
$$M_E\mu_{EF} C_{EF}$$

$$M''_{GB} = - M'_G\mu_{GB} = (M_B + \Delta x)\mu_{BG}\mu_{GB} C_{BG} + (M_F + \Delta z)\mu_{FG}\mu_{GB} C_{FG} - M_G\mu_{GB}$$

$$M''_{BG} = M''_{GB} C_{BG} = (M_B + \Delta x)\mu_{BG}\mu_{GB} C^2_{BG} + (M_F + \Delta z)\mu_{FG}\mu_{GB} C_{FG} C_{BG} -$$
$$M_G\mu_{GB} C_{BG}$$

$$M''_{GF} = - M'_G\mu_{GF} = (M_B + \Delta x)\mu_{BG}\mu_{GF} C_{BG} + (M_F + \Delta z)\mu_{FG}\mu_{GF} C_{FG} - M_G\mu_{GF}$$

$$M''_{FG} = M''_{GF} C_{FG} = (M_B + \Delta x)\mu_{BG}\mu_{GF} C_{BG} C_{FG} + (M_F + \Delta z)\mu_{FG}\mu_{GF} C^2_{FG} -$$
$$M_G\mu_{GF} C_{FG}$$

令 $\Delta x = M'_B = M''_{BC} + M''_{BG}$, $\Delta y = M'_D = M''_{DC} + M''_{DE}$, $\Delta z = M'_F = M''_{FC} + M''_{FE} + M''_{FG}$, 建立关于 Δx 、Δy 、Δz 的方程组，即

$$
\begin{cases}
\Delta x = (M_B + \Delta x)\mu_{BC}\mu_{CB}C_{BC}^2 + (M_D + \Delta y)\mu_{DC}\mu_{CB}C_{CD}C_{BC} + (M_F + \Delta z)\mu_{FC}\mu_{CB}C_{CF}C_{BC} - \\
\quad M_C\mu_{CB}C_{BC} + (M_B + \Delta x)\mu_{BG}\mu_{GB}C_{BG}^2 + (M_F + \Delta z)\mu_{FG}\mu_{GB}C_{FG}C_{BG} - M_G\mu_{GB}C_{BG} \\
\Delta y = (M_B + \Delta x)\mu_{BC}\mu_{CD}C_{BC}C_{CD} + (M_D + \Delta y)\mu_{DC}\mu_{CD}C_{CD}^2 + (M_F + \Delta z)\mu_{FC}\mu_{CD}C_{CF}C_{CD} - \\
\quad M_C\mu_{CD}C_{CD} + (M_D + \Delta y)\mu_{DE}\mu_{ED}C_{DE}^2 + (M_F + \Delta z)\mu_{FE}\mu_{ED}C_{EF}C_{DE} - M_E\mu_{ED}C_{DE} \\
\Delta z = (M_B + \Delta x)\mu_{BC}\mu_{CF}C_{BC}C_{CF} + (M_D + \Delta y)\mu_{DC}\mu_{CF}C_{CD}C_{CF} + (M_F + \Delta z)\mu_{FC}\mu_{CF}C_{CF}C_{CF} - \\
\quad M_C\mu_{CF}C_{CF} + (M_D + \Delta y)\mu_{DE}\mu_{EF}C_{DE}C_{EF} + (M_F + \Delta z)\mu_{FE}\mu_{EF}C_{EF}^2 - M_E\mu_{EF}C_{EF} + \\
\quad (M_B + \Delta x)\mu_{BG}\mu_{GF}C_{BG}C_{FG} + (M_F + \Delta z)\mu_{FG}\mu_{GF}C_{FG}^2 - M_G\mu_{GF}C_{FG}
\end{cases}
$$

将传递系数 $C_{BC} = C_{CD} = C_{DE} = C_{EF} = C_{FG} = C_{BG} = C_{CF} = \dfrac{1}{2}$ ，代入上式得到

$$
\begin{cases}
4\Delta x = (M_B + \Delta x)\mu_{BC}\mu_{CB} + (M_D + \Delta y)\mu_{DC}\mu_{CB} + (M_F + \Delta z)\mu_{FC}\mu_{CB} - \\
\quad 2M_C\mu_{CB} + (M_B + \Delta x)\mu_{BG}\mu_{GB} + (M_F + \Delta z)\mu_{FG}\mu_{GB} - 2M_G\mu_{GB} \\
4\Delta y = (M_B + \Delta x)\mu_{BC}\mu_{CD} + (M_D + \Delta y)\mu_{DC}\mu_{CD} + (M_F + \Delta z)\mu_{FC}\mu_{CD} - \\
\quad 2M_C\mu_{CD} + (M_D + \Delta y)\mu_{DE}\mu_{ED} + (M_F + \Delta z)\mu_{FE}\mu_{ED} - 2M_E\mu_{ED} \\
4\Delta z = (M_B + \Delta x)\mu_{BC}\mu_{CF} + (M_D + \Delta y)\mu_{DC}\mu_{CF} + (M_F + \Delta z)\mu_{FC}\mu_{CF} - \\
\quad 2M_C\mu_{CF} + (M_D + \Delta y)\mu_{DE}\mu_{EF} + (M_F + \Delta z)\mu_{FE}\mu_{EF} - 2M_E\mu_{EF} + \\
\quad (M_B + \Delta x)\mu_{BG}\mu_{GF} + (M_F + \Delta z)\mu_{FG}\mu_{GF} - 2M_G\mu_{GF}
\end{cases}
$$

整理上述方程组得到：

$$
\begin{cases}
A_1\Delta x + B_1\Delta y + C_1\Delta z = D_1 \\
A_2\Delta x + B_2\Delta y + C_2\Delta z = D_2 \\
A_3\Delta x + B_3\Delta y + C_3\Delta z = D_3
\end{cases}
$$

式中　$A_1 = \mu_{BC}\mu_{CB} + \mu_{BG}\mu_{GB} - 4$；$B_1 = \mu_{DC}\mu_{CB}$；$C_1 = \mu_{FC}\mu_{CB} + \mu_{FG}\mu_{GB}$

$D_1 = (2M_C - M_B\mu_{BC} - M_D\mu_{DC} - M_F\mu_{FC})\mu_{CB} + (2M_G - M_B\mu_{BG} - M_F\mu_{FG})\mu_{GB}$

$A_2 = \mu_{BC}\mu_{CD}$；$B_2 = \mu_{DC}\mu_{CD} + \mu_{DE}\mu_{ED} - 4$；$C_2 = \mu_{FC}\mu_{CD} + \mu_{FE}\mu_{ED}$

$D_2 = (2M_C - M_B\mu_{BC} - M_D\mu_{DC} - M_F\mu_{FC})\mu_{CD} + (2M_E - M_D\mu_{DE} - M_F\mu_{FE})\mu_{ED}$

$A_3 = \mu_{BC}\mu_{CF} + \mu_{BG}\mu_{GF}$；$B_3 = \mu_{DC}\mu_{CF} + \mu_{DE}\mu_{EF}$；$C_3 = \mu_{FC}\mu_{CF} + \mu_{FE}\mu_{EF} + \mu_{FG}\mu_{GF} - 4$

$D_3 = (2M_C - M_B\mu_{BC} - M_D\mu_{DC} - M_F\mu_{FC})\mu_{CF} + (2M_E - M_D\mu_{DE} - M_F\mu_{FE})\mu_{EF} + \\
\quad (2M_G - M_B\mu_{BG} - M_F\mu_{FG})\mu_{GF}$

解得

$$
\Delta x = \frac{E_1}{E_0}, \ \Delta y = \frac{E_2}{E_0}, \ \Delta z = \frac{E_3}{E_0} \tag{2-7}
$$

式中

$$E_0 = \begin{vmatrix} A_1 & B_1 & C_1 \\ A_2 & B_2 & C_2 \\ A_3 & B_3 & C_3 \end{vmatrix}; \quad E_1 = \begin{vmatrix} D_1 & B_1 & C_1 \\ D_2 & B_2 & C_2 \\ D_3 & B_3 & C_3 \end{vmatrix}; \quad E_2 = \begin{vmatrix} A_1 & D_1 & C_1 \\ A_2 & D_2 & C_2 \\ A_3 & D_3 & C_3 \end{vmatrix}; \quad E_3 = \begin{vmatrix} A_1 & B_1 & D_1 \\ A_2 & B_2 & D_2 \\ A_3 & B_3 & D_3 \end{vmatrix}$$

式（2-7）为约束力矩增量 Δx 、Δy 、Δz 的计算公式。上述各式中，M_G 为约束状态下荷载作用产生的 G 结点约束力矩，等于 G 结点的固端弯矩之和；μ_{FG} 为 FG 杆在近端 F 的分配系数；μ_{GF} 为 FG 杆在近端 G 的分配系数；其余符号意义同前。

2.4.3　内部七个刚结点参与力矩分配

2.4.3.1　改进原理

内部含有七个刚结点的无侧移结构（如图 2-20 所示八跨连续梁），将结点 B、C、D、E、F、G、H 分成两组，轮流放松约束。其中不相邻的 B、D、F、H 结点为一组，C、E、G 结点为另一组。在经典多结点力矩分配法的基础上，首次对结点 C、E、G 放松约束时，分别提前施加约束力矩增量 Δx 、Δy 、Δz，如图 2-20（c）所示。通过对两组结点轮流放松约束，完成单个循环的计算。令 Δx 、Δy 、Δz 分别等于结点 B、D、F、H 放松完成后，由传递弯矩在结点 C、E、G 产生的约束力矩，即 $\Delta x = M'_C = M''_{CB} + M''_{CD}$，$\Delta y = M'_E = M''_{ED} + M''_{EF}$，$\Delta z = M'_G = M''_{GF} + M''_{GH}$，如图 2-20（d）所示，此时结点 B、C、D、E、F、G、H 的约束力矩都等于零。证明如下：

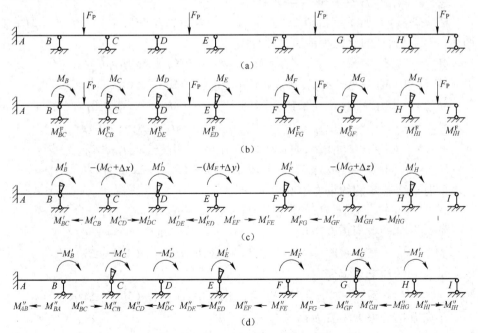

图 2-20　多结点力矩分配法的改进

（内部含有七个结点）

(1) 放松结点 B、D、F、H 时，分别施加力偶 $-M'_B$、$-M'_D$、$-M'_F$、$-M'_H$，其中 $M'_B = M_B + M'_{BC}$，$M'_D = M_D + M'_{DC} + M'_{DE}$，$M'_F = M_F + M'_{FE} + M'_{FG}$，$M'_H = M_H + M'_{HG}$。放松后，结点 B 的约束力矩变为 $M'_B + (-M'_B) = 0$，结点 D 的约束力矩变为 $M'_D + (-M'_D) = 0$，结点 F 的约束力矩变为 $M'_F + (-M'_F) = 0$，结点 H 的约束力矩变为 $M'_H + (-M'_H) = 0$。

(2) 放松结点 B、D、F、H 后，结点 C 的约束力矩变为 $M_C + [-(M_C + \Delta x)] + M'_C$，由于 $M'_C = M''_{CB} + M''_{CD} = \Delta x$，因此，$M_C + [-(M_C + \Delta x)] + M'_C = 0$，即结点 C 的约束力矩为零。

(3) 放松结点 B、D、F、H 后，结点 E 的约束力矩变为 $M_E + [-(M_E + \Delta y)] + M'_E$，由于 $M'_E = M''_{ED} + M''_{EF} = \Delta y$，因此，$M_E + [-(M_E + \Delta y)] + M'_E = 0$，即结点 E 的约束力矩为零。

(4) 放松结点 B、D、F、H 后，结点 G 的约束力矩变为 $M_G + [-(M_G + \Delta z)] + M'_G$，由于 $M'_G = M''_{GF} + M''_{GH} = \Delta z$，因此，$M_G + [-(M_G + \Delta z)] + M'_G = 0$，即结点 G 的约束力矩为零。

结点 B、C、D、E、F、G、H 的约束力矩都等于零，这就是结构真实的状态。因此，经过一个循环后累加的变形和内力就是结构真实的变形和内力。可见经过一个循环，就快速得到了杆端弯矩的精确值。

2.4.3.2 约束力矩增量 Δx、Δy、Δz 的计算

图 2-20（c）所示放松结点 C、E、G，约束结点 B、D、F、H 状态（前半个循环），经过力矩的分配和传递，则有：

$$M'_{CB} = -(M_C + \Delta x)\mu_{CB}, \quad M'_{BC} = M'_{CB}C_{BC} = -(M_C + \Delta x)\mu_{CB}C_{BC}$$

$$M'_{CD} = -(M_C + \Delta x)\mu_{CD}, \quad M'_{DC} = M'_{CD}C_{CD} = -(M_C + \Delta x)\mu_{CD}C_{CD}$$

$$M'_{ED} = -(M_E + \Delta y)\mu_{ED}, \quad M'_{DE} = M'_{ED}C_{DE} = -(M_E + \Delta y)\mu_{ED}C_{DE}$$

$$M'_{EF} = -(M_E + \Delta y)\mu_{EF}, \quad M'_{FE} = M'_{EF}C_{EF} = -(M_E + \Delta y)\mu_{EF}C_{EF}$$

$$M'_{GF} = -(M_G + \Delta z)\mu_{GF}, \quad M'_{FG} = M'_{GF}C_{FG} = -(M_G + \Delta z)\mu_{GF}C_{FG}$$

$$M'_{GH} = -(M_G + \Delta z)\mu_{GH}, \quad M'_{HG} = M'_{GH}C_{GH} = -(M_G + \Delta z)\mu_{GH}C_{GH}$$

此时，结点 B 的约束力矩变为：

$$M'_B = M_B + M'_{BC} = M_B - (M_C + \Delta x)\mu_{CB}C_{BC}$$

结点 D 的约束力矩变为：

$$M'_D = M_D + M'_{DC} + M'_{DE} = M_D - (M_C + \Delta x)\mu_{CD}C_{CD} - (M_E + \Delta y)\mu_{ED}C_{DE}$$

结点 F 的约束力矩变为：

$$M'_F = M_F + M'_{FE} + M'_{FG} = M_F - (M_E + \Delta y)\mu_{EF}C_{EF} - (M_G + \Delta z)\mu_{GF}C_{FG}$$

结点 H 的约束力矩变为：

$$M'_H = M_H + M'_{HG} = M_H - (M_G + \Delta z)\mu_{GH}C_{GH}$$

对图 2-20（d）所示放松结点 B、D、F、H，约束结点 C、E、G 状态（后半

个循环），经过力矩的分配和传递，则有：

$$M''_{BC} = -M'_B\mu_{BC} = (M_C + \Delta x)\mu_{CB}\mu_{BC}C_{BC} - M_B\mu_{BC}$$

$$M''_{CB} = M''_{BC}C_{BC} = (M_C + \Delta x)\mu_{CB}\mu_{BC}C^2_{BC} - M_B\mu_{BC}C_{BC}$$

$$M''_{DC} = -M'_D\mu_{DC} = (M_C + \Delta x)\mu_{CD}\mu_{DC}C_{CD} + (M_E + \Delta y)\mu_{ED}\mu_{DC}C_{DE} - M_D\mu_{DC}$$

$$M''_{CD} = M''_{DC}C_{CD} = (M_C + \Delta x)\mu_{CD}\mu_{DC}C^2_{CD} + (M_E + \Delta y)\mu_{ED}\mu_{DC}C_{DE}C_{CD} - M_D\mu_{DC}C_{CD}$$

$$M''_{DE} = -M'_D\mu_{DE} = (M_C + \Delta x)\mu_{CD}\mu_{DE}C_{CD} + (M_E + \Delta y)\mu_{ED}\mu_{DE}C_{DE} - M_D\mu_{DE}$$

$$M''_{ED} = M''_{DE}C_{DE} = (M_C + \Delta x)\mu_{CD}\mu_{DE}C_{CD}C_{DE} + (M_E + \Delta y)\mu_{ED}\mu_{DE}C^2_{DE} - M_D\mu_{DE}C_{DE}$$

$$M''_{FE} = -M'_F\mu_{FE} = (M_E + \Delta y)\mu_{EF}\mu_{FE}C_{EF} + (M_G + \Delta z)\mu_{GF}\mu_{FE}C_{FG} - M_F\mu_{FE}$$

$$M''_{EF} = M''_{FE}C_{EF} = (M_E + \Delta y)\mu_{EF}\mu_{FE}C^2_{EF} + (M_G + \Delta z)\mu_{GF}\mu_{FE}C_{FG}C_{EF} - M_F\mu_{FE}C_{EF}$$

$$M''_{FG} = -M'_F\mu_{FG} = (M_E + \Delta y)\mu_{EF}\mu_{FG}C_{EF} + (M_G + \Delta z)\mu_{GF}\mu_{FG}C_{FG} - M_F\mu_{FG}$$

$$M''_{GF} = M''_{FG}C_{FG} = (M_E + \Delta y)\mu_{EF}\mu_{FG}C_{EF}C_{FG} + (M_G + \Delta z)\mu_{GF}\mu_{FG}C^2_{FG} - M_F\mu_{FG}C_{FG}$$

$$M''_{HG} = -M'_H\mu_{HG} = (M_G + \Delta z)\mu_{GH}\mu_{HG}C_{GH} - M_H\mu_{HG}$$

$$M''_{GH} = M''_{HG}C_{GH} = (M_G + \Delta z)\mu_{GH}\mu_{HG}C^2_{GH} - M_H\mu_{HG}C_{GH}$$

令 $\Delta x = M'_C = M''_{CB} + M''_{CD}$，$\Delta y = M'_E = M''_{ED} + M''_{EF}$，$\Delta z = M'_G = M''_{GF} + M''_{GH}$，建立关于 Δx、Δy、Δz 的方程组，即

$$\begin{cases}\Delta x = (M_C + \Delta x)\mu_{CB}\mu_{BC}C^2_{BC} - M_B\mu_{BC}C_{BC} + (M_C + \Delta x)\mu_{CD}\mu_{DC}C^2_{CD} + \\ \quad (M_E + \Delta y)\mu_{ED}\mu_{DC}C_{DE}C_{CD} - M_D\mu_{DC}C_{CD} \\ \Delta y = (M_C + \Delta x)\mu_{CD}\mu_{DE}C_{CD}C_{DE} + (M_E + \Delta y)\mu_{ED}\mu_{DE}C^2_{DE} - M_D\mu_{DE}C_{DE} + \\ \quad (M_E + \Delta y)\mu_{EF}\mu_{FE}C^2_{EF} + (M_G + \Delta z)\mu_{GF}\mu_{FE}C_{FG}C_{EF} - M_F\mu_{FE}C_{EF} \\ \Delta z = (M_E + \Delta y)\mu_{EF}\mu_{FG}C_{EF}C_{FG} + (M_G + \Delta z)\mu_{GF}\mu_{FG}C^2_{FG} - M_F\mu_{FG}C_{FG} + \\ \quad (M_G + \Delta z)\mu_{GH}\mu_{HG}C^2_{GH} - M_H\mu_{HG}C_{GH}\end{cases}$$

将传递系数 $C_{BC} = C_{CD} = C_{DE} = C_{EF} = C_{FG} = C_{GH} = \dfrac{1}{2}$，代入上式得到

$$\begin{cases}4\Delta x = (M_C + \Delta x)\mu_{CB}\mu_{BC} - 2M_B\mu_{BC} + (M_C + \Delta x)\mu_{CD}\mu_{DC} + \\ \quad (M_E + \Delta y)\mu_{ED}\mu_{DC} - 2M_D\mu_{DC} \\ 4\Delta y = (M_C + \Delta x)\mu_{CD}\mu_{DE} + (M_E + \Delta y)\mu_{ED}\mu_{DE} - 2M_D\mu_{DE} + \\ \quad (M_E + \Delta y)\mu_{EF}\mu_{FE} + (M_G + \Delta z)\mu_{GF}\mu_{FE} - 2M_F\mu_{FE} \\ 4\Delta z = (M_E + \Delta y)\mu_{EF}\mu_{FG} + (M_G + \Delta z)\mu_{GF}\mu_{FG} - 2M_F\mu_{FG} + \\ \quad (M_G + \Delta z)\mu_{GH}\mu_{HG} - 2M_H\mu_{HG}\end{cases}$$

整理上述方程组得到：

$$\begin{cases}A_1\Delta x + B_1\Delta y + C_1\Delta z = D_1 \\ A_2\Delta x + B_2\Delta y + C_2\Delta z = D_2 \\ A_3\Delta x + B_3\Delta y + C_3\Delta z = D_3\end{cases}$$

式中，$A_1 = \mu_{CB}\mu_{BC} + \mu_{CD}\mu_{DC} - 4$；$B_1 = \mu_{ED}\mu_{DC}$；$C_1 = 0$；$D_1 = (2M_B - M_C\mu_{CB})\mu_{BC} + (2M_D - M_C\mu_{CD} - M_E\mu_{ED})\mu_{DC}$；$A_2 = \mu_{CD}\mu_{DE}$；$B_2 = \mu_{ED}\mu_{DE} + \mu_{EF}\mu_{FE} - 4$；$C_2 = \mu_{GF}\mu_{FE}$；$D_2 = (2M_D - M_C\mu_{CD} - M_E\mu_{ED})\mu_{DE} + (2M_F - M_E\mu_{EF} - M_G\mu_{GF})\mu_{FE}$；$A_3 = 0$；$B_3 = \mu_{EF}\mu_{FG}$；$C_3 = \mu_{GF}\mu_{FG} + \mu_{GH}\mu_{HG} - 4$；$D_3 = (2M_F - M_E\mu_{EF} - M_G\mu_{GF})\mu_{FG} + (2M_H - M_G\mu_{GH})\mu_{HG}$。

解得

$$\Delta x = \frac{E_1}{E_0}, \quad \Delta y = \frac{E_2}{E_0}, \quad \Delta z = \frac{E_3}{E_0} \tag{2-8}$$

式中

$$E_0 = \begin{vmatrix} A_1 & B_1 & C_1 \\ A_2 & B_2 & C_2 \\ A_3 & B_3 & C_3 \end{vmatrix}; \quad E_1 = \begin{vmatrix} D_1 & B_1 & C_1 \\ D_2 & B_2 & C_2 \\ D_3 & B_3 & C_3 \end{vmatrix}$$

$$E_2 = \begin{vmatrix} A_1 & D_1 & C_1 \\ A_2 & D_2 & C_2 \\ A_3 & D_3 & C_3 \end{vmatrix}; \quad E_3 = \begin{vmatrix} A_1 & B_1 & D_1 \\ A_2 & B_2 & D_2 \\ A_3 & B_3 & D_3 \end{vmatrix}$$

式（2-8）为约束力矩增量 Δx、Δy、Δz 的计算公式。上述各式中，M_H 为约束状态下荷载作用产生的 H 结点约束力矩，等于 H 结点的固端弯矩之和；μ_{GH} 为 GH 杆在近端 G 的分配系数；μ_{HG} 为 GH 杆在近端 H 的分配系数；其余符号意义同前。

2.4.4 应用举例

例 2-7 图 2-21 所示刚架结构，用改进的多结点力矩分配法计算杆端弯矩的精确值并作 M 图。

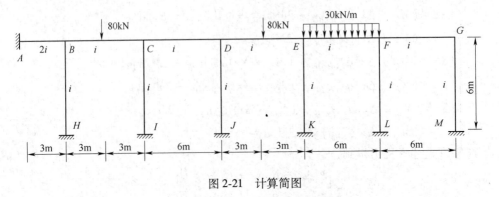

图 2-21 计算简图

解： 本题属于内部六个刚结点 B、C、D、E、F、G 首尾不相连的情况。

对结点 B、C、D、E、F、G 施加约束，建立约束状态。荷载作用下，固端弯矩分别为：

$$M_{BC}^{F} = -\frac{1}{8} \times 80 \times 6 = -60\text{kN} \cdot \text{m} , \quad M_{CB}^{F} = \frac{1}{8} \times 80 \times 6 = 60\text{kN} \cdot \text{m}$$

$$M_{DE}^{F} = -\frac{1}{8} \times 80 \times 6 = -60\text{kN} \cdot \text{m} , \quad M_{ED}^{F} = \frac{1}{8} \times 80 \times 6 = 60\text{kN} \cdot \text{m}$$

$$M_{EF}^{F} = -\frac{1}{12} \times 30 \times 6^2 = -90\text{kN} \cdot \text{m} , \quad M_{FE}^{F} = \frac{1}{12} \times 30 \times 6^2 = 90\text{kN} \cdot \text{m}$$

结点 B、C、D、E、F、G 产生的约束力矩分别为：$M_B = M_{BC}^{F} = -60\text{kN} \cdot \text{m}$，$M_C = M_{CB}^{F} = 60\text{kN} \cdot \text{m}$，$M_D = M_{DE}^{F} = -60\text{kN} \cdot \text{m}$，$M_E = M_{ED}^{F} + M_{EF}^{F} = -30\text{kN} \cdot \text{m}$，$M_F = M_{FE}^{F} = 90\text{kN} \cdot \text{m}$，$M_G = 0$。

分配系数为：

$$\mu_{BC} = \frac{4i}{4i + 8i + 4i} = \frac{1}{4} , \quad \mu_{CB} = \frac{4i}{4i + 4i + 4i} = \frac{1}{3} , \quad \mu_{CD} = \frac{4i}{4i + 4i + 4i} = \frac{1}{3}$$

$$\mu_{DC} = \frac{4i}{4i + 4i + 4i} = \frac{1}{3} , \quad \mu_{DE} = \frac{4i}{4i + 4i + 4i} = \frac{1}{3}$$

$$\mu_{ED} = \frac{4i}{4i + 4i + 4i} = \frac{1}{3} , \quad \mu_{EF} = \frac{4i}{4i + 4i + 4i} = \frac{1}{3} , \quad \mu_{FE} = \frac{4i}{4i + 4i + 4i} = \frac{1}{3}$$

$$\mu_{FG} = \frac{4i}{4i + 4i + 4i} = \frac{1}{3} , \quad \mu_{GF} = \frac{4i}{4i + 4i} = \frac{1}{2}$$

根据式（2-6）计算约束力矩增量 Δx、Δy、Δz。

方程组中的系数分别为：$A_1 = \mu_{BC}\mu_{CB} - 4 = -3.92$，$B_1 = \mu_{DC}\mu_{CB} = 0.11$，$C_1 = 0$，$D_1 = (2M_C - M_B\mu_{BC} - M_D\mu_{DC})\mu_{CB} = 51.67$，$A_2 = \mu_{BC}\mu_{CD} = 0.08$，$B_2 = \mu_{DC}\mu_{CD} + \mu_{DE}\mu_{ED} - 4 = -3.78$，$C_2 = \mu_{FE}\mu_{ED} = 0.11$，$D_2 = (2M_C - M_B\mu_{BC} - M_D\mu_{DC})\mu_{CD} + (2M_E - M_D\mu_{DE} - M_F\mu_{FE})\mu_{ED} = 28.33$，$A_3 = 0$，$B_3 = \mu_{DE}\mu_{EF} = 0.11$，$C_3 = \mu_{FE}\mu_{EF} + \mu_{FG}\mu_{GF} - 4 = -3.72$，$D_3 = (2M_E - M_D\mu_{DE} - M_F\mu_{FE})\mu_{EF} + (2M_G - M_F\mu_{FG})\mu_{GF} = -38.33$。

$$E_0 = \begin{vmatrix} A_1 & B_1 & C_1 \\ A_2 & B_2 & C_2 \\ A_3 & B_3 & C_3 \end{vmatrix} = \begin{vmatrix} -3.92 & 0.11 & 0 \\ 0.08 & -3.78 & 0.11 \\ 0 & 0.11 & -3.72 \end{vmatrix} = -55.0413$$

$$E_1 = \begin{vmatrix} D_1 & B_1 & C_1 \\ D_2 & B_2 & C_2 \\ D_3 & B_3 & C_3 \end{vmatrix} = \begin{vmatrix} 51.67 & 0.11 & 0 \\ 28.33 & -3.78 & 0.11 \\ -38.33 & 0.11 & -3.72 \end{vmatrix} = 737.0665$$

$$E_2 = \begin{vmatrix} A_1 & D_1 & C_1 \\ A_2 & D_2 & C_2 \\ A_3 & D_3 & C_3 \end{vmatrix} = \begin{vmatrix} -3.92 & 51.67 & 0 \\ 0.08 & 28.33 & 0.11 \\ 0 & -38.33 & -3.72 \end{vmatrix} = 411.9685$$

$$E_3 = \begin{vmatrix} A_1 & B_1 & D_1 \\ A_2 & B_2 & D_2 \\ A_3 & B_3 & D_3 \end{vmatrix} = \begin{vmatrix} -3.92 & 0.11 & 51.67 \\ 0.08 & -3.78 & 28.33 \\ 0 & 0.11 & -38.33 \end{vmatrix} = -554.9507$$

$$\Delta x = \frac{E_1}{E_0} = -13.39, \quad \Delta y = \frac{E_2}{E_0} = -7.48, \quad \Delta z = \frac{E_3}{E_0} = 10.08$$

则 $M_B + \Delta x = -73.39\text{kN} \cdot \text{m}$，$M_D + \Delta y = -67.48\text{kN} \cdot \text{m}$，$M_F + \Delta z = 100.08\text{kN} \cdot \text{m}$

首先在结点 B、D、F，分别对 $-(M_B + \Delta x)$、$-(M_D + \Delta y)$、$-(M_F + \Delta z)$ 进行力矩分配与传递，然后在结点 C、E、G 进行力矩分配与传递，完成一个循环的计算。计算过程如图 2-22 所示，双横线上的数据为杆端弯矩的精确值。杆端弯矩的计算结果如图 2-23 所示，M 图如图 2-24 所示。

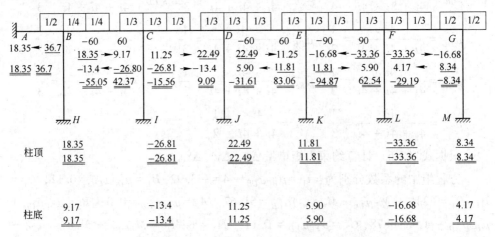

图 2-22　多结点力矩分配法计算过程（单位：kN·m）

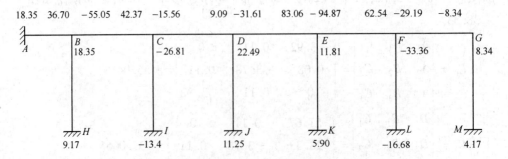

图 2-23　杆端弯矩计算结果（单位：kN·m）

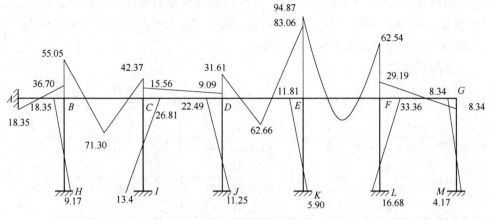

图 2-24 M 图（单位：kN·m）

例 2-8　图 2-25 所示刚架结构，用改进的多结点力矩分配法计算杆端弯矩的精确值并作 M 图。

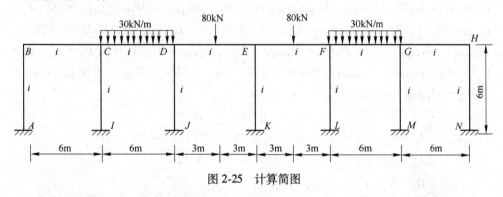

图 2-25　计算简图

解：本题属于内部七个刚结点 B、C、D、E、F、G、H 首尾不相连情况。由于结构为对称结构对称荷载，可以判断出横梁无水平方向线位移。因此，本题结构类型属于无侧移结构，可以直接采用改进的多结点力矩分配法计算。计算过程如下：

对结点 B、C、D、E、F、G、H 施加约束，建立约束状态。荷载作用下，固端弯矩分别为：

$$M_{CD}^{F} = -\frac{1}{12} \times 30 \times 6^2 = -90\text{kN} \cdot \text{m} , M_{DC}^{F} = \frac{1}{12} \times 30 \times 6^2 = 90\text{kN} \cdot \text{m}$$

$$M_{DE}^{F} = -\frac{1}{8} \times 80 \times 6 = -60\text{kN} \cdot \text{m} , M_{ED}^{F} = \frac{1}{8} \times 80 \times 6 = 60\text{kN} \cdot \text{m}$$

$$M_{EF}^{F} = -\frac{1}{8} \times 80 \times 6 = -60\text{kN} \cdot \text{m} , M_{FE}^{F} = \frac{1}{8} \times 80 \times 6 = 60\text{kN} \cdot \text{m}$$

$$M_{FG}^{F} = -\frac{1}{12} \times 30 \times 6^2 = -90\text{kN} \cdot \text{m} , M_{GF}^{F} = \frac{1}{12} \times 30 \times 6^2 = 90\text{kN} \cdot \text{m}$$

结点 B、C、D、E、F、G、H 产生的约束力矩分别为：$M_B = 0$，$M_C = M_{CD}^F = -90\text{kN} \cdot \text{m}$，$M_D = M_{DC}^F + M_{DE}^F = 30\text{kN} \cdot \text{m}$，$M_E = M_{ED}^F + M_{EF}^F = 0$，$M_F = M_{FE}^F + M_{FG}^F = -30\text{kN} \cdot \text{m}$，$M_G = M_{GF}^F = 90$，$M_H = 0$。

分配系数为：

$$\mu_{BC} = \frac{4i}{4i + 4i} = \frac{1}{2} \text{ , } \mu_{CB} = \frac{4i}{4i + 4i + 4i} = \frac{1}{3} \text{ , } \mu_{CD} = \frac{4i}{4i + 4i + 4i} = \frac{1}{3}$$

$$\mu_{DC} = \frac{4i}{4i + 4i + 4i} = \frac{1}{3} \text{ , } \mu_{DE} = \frac{4i}{4i + 4i + 4i} = \frac{1}{3} \text{ , } \mu_{ED} = \frac{4i}{4i + 4i + 4i} = \frac{1}{3}$$

$$\mu_{EF} = \frac{4i}{4i + 4i + 4i} = \frac{1}{3} \text{ , } \mu_{FE} = \frac{4i}{4i + 4i + 4i} = \frac{1}{3} \text{ , } \mu_{FG} = \frac{4i}{4i + 4i + 4i} = \frac{1}{3}$$

$$\mu_{GF} = \frac{4i}{4i + 4i + 4i} = \frac{1}{3} \text{ , } \mu_{GH} = \frac{4i}{4i + 4i + 4i} = \frac{1}{3} \text{ , } \mu_{HG} = \frac{4i}{4i + 4i} = \frac{1}{2}$$

根据式（2-8）计算约束力矩增量 Δx、Δy、Δz。

方程组中的系数分别为：$A_1 = \mu_{CB}\mu_{BC} + \mu_{CD}\mu_{DC} - 4 = -3.72$，$B_1 = \mu_{ED}\mu_{DC} = 0.11$，$C_1 = 0$，$D_1 = (2M_B - M_C\mu_{CB})\mu_{BC} + (2M_D - M_C\mu_{CD} - M_E\mu_{ED})\mu_{DC} = 45$，$A_2 = \mu_{CD}\mu_{DE} = 0.11$，$B_2 = \mu_{ED}\mu_{DE} + \mu_{EF}\mu_{FE} - 4 = -3.78$，$C_2 = \mu_{GF}\mu_{FE} = 0.11$，$D_2 = (2M_D - M_C\mu_{CD} - M_E\mu_{ED})\mu_{DE} + (2M_F - M_E\mu_{EF} - M_G\mu_{GF})\mu_{FE} = 0$，$A_3 = 0$，$B_3 = \mu_{EF}\mu_{FG} = 0.11$，$C_3 = \mu_{GF}\mu_{FG} + \mu_{GH}\mu_{HG} - 4 = -3.72$，$D_3 = (2M_F - M_E\mu_{EF} - M_G\mu_{GF})\mu_{FG} + (2M_H - M_G\mu_{GH})\mu_{HG} = -45$。

$$E_0 = \begin{vmatrix} A_1 & B_1 & C_1 \\ A_2 & B_2 & C_2 \\ A_3 & B_3 & C_3 \end{vmatrix} = \begin{vmatrix} -3.72 & 0.11 & 0 \\ 0.11 & -3.78 & 0.11 \\ 0 & 0.11 & -3.72 \end{vmatrix} = -52.2191$$

$$E_1 = \begin{vmatrix} D_1 & B_1 & C_1 \\ D_2 & B_2 & C_2 \\ D_3 & B_3 & C_3 \end{vmatrix} = \begin{vmatrix} 45 & 0.11 & 0 \\ 0 & -3.78 & 0.11 \\ -45 & 0.11 & -3.72 \end{vmatrix} = 631.683$$

$$E_2 = \begin{vmatrix} A_1 & D_1 & C_1 \\ A_2 & D_2 & C_2 \\ A_3 & D_3 & C_3 \end{vmatrix} = \begin{vmatrix} -3.72 & 45 & 0 \\ 0.11 & 0 & 0.11 \\ 0 & -45 & -3.72 \end{vmatrix} = 0$$

$$E_3 = \begin{vmatrix} A_1 & B_1 & D_1 \\ A_2 & B_2 & D_2 \\ A_3 & B_3 & D_3 \end{vmatrix} = \begin{vmatrix} -3.72 & 0.11 & 45 \\ 0.11 & -3.78 & 0 \\ 0 & 0.11 & -45 \end{vmatrix} = -631.683$$

$$\Delta x = \frac{E_1}{E_0} = -12.10 \text{ , } \Delta y = \frac{E_2}{E_0} = 0 \text{ , } \Delta z = \frac{E_3}{E_0} = 12.10$$

则　$M_C + \Delta x = -102.10\text{kN} \cdot \text{m}$，$M_E + \Delta y = 0$，$M_G + \Delta z = 102.10\text{kN} \cdot \text{m}$

首先在结点 C、E、G，分别对 $-(M_C + \Delta x)$、$-(M_E + \Delta y)$、$-(M_G + \Delta z)$ 进行力矩分配与传递，然后在结点 B、D、F、H 进行力矩分配与传递，完成一个循环的计算。计算过程如图 2-26 所示，双横线上的数据为杆端弯矩的精确值。杆端弯矩的计算结果如图 2-27 所示，M 图如图 2-28 所示。

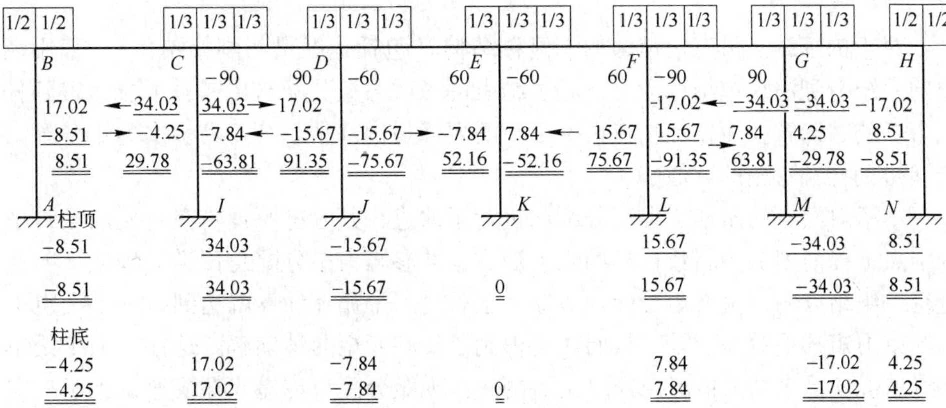

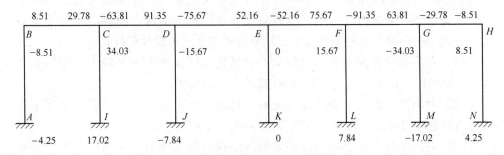

图 2-26 多结点力矩分配法计算过程（单位：kN·m）

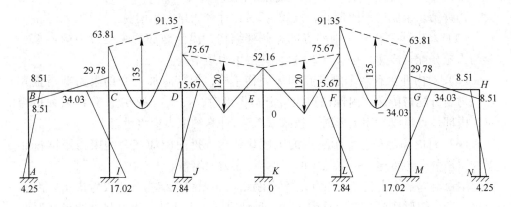

图 2-27 杆端弯矩计算结果（单位：kN·m）

图 2-28 M 图（单位：kN·m）

说明：本题结构为对称结构对称荷载，例 2-3 对其半边结构进行了计算。读者可对比一下，本例按整体结构（内部七个结点）与例 2-3 半边结构（内部三个结点）的计算结果是相同、吻合的。

2.5 本章小结

对于内部结点没有线位移的无侧移结构（包括连续梁与刚架结构），采用经典的力矩分配法在单结点情况下经过结点的一次力矩分配与传递，可快速得到杆端弯矩的精确解；而在多结点情况下，需要经过内部多个结点的多次力矩分配与传递得到杆端弯矩的近似解。

本章对经典的多结点力矩分配法进行了改进，其改进原理是在首先放松约束的结点上提前施加不同数目的约束力矩增量并参与力矩分配与传递，理论证明经过每一组结点的一次力矩分配与传递、也就是一个循环计算就达到每一个结点上的约束力矩都绝对等于零，从而快速得到了杆端弯矩的精确解。这样，不论是单结点情况还是多结点情况，经过结点的一次力矩分配与传递，都快速得到了杆端弯矩的精确解。提前施加的约束力矩增量有明确的物理含义，其实质就是按经典的多结点力矩分配法在第一个循环末在首先放松的第一个（或第一组）结点上由于传递弯矩产生的约束力矩。本章对无侧移结构内部含有不同的刚结点个数时，分别经过理论上的推导，给出了约束力矩增量的解析计算公式。

（1）对内部含有两个刚结点的无侧移结构，提前施加一个约束力矩增量并参与力矩分配与传递，按式（2-1）计算约束力矩增量。

（2）对内部含有三个刚结点的无侧移结构，提前施加一个约束力矩增量并参与力矩分配与传递，按式（2-2）计算约束力矩增量。

（3）对内部含有四个刚结点的无侧移结构，提前施加两个约束力矩增量并参与力矩分配与传递。内部结点组成开口图形时，按式（2-3）计算约束力矩增量；内部结点组成封闭图形时，按式（2-4）计算约束力矩增量。

（4）对内部含有五个刚结点的无侧移结构，提前施加两个约束力矩增量并参与力矩分配与传递，按式（2-5）计算约束力矩增量。

（5）对内部含有六个刚结点的无侧移结构，提前施加三个约束力矩增量并参与力矩分配与传递。内部结点组成开口图形时，按式（2-6）计算约束力矩增量；内部结点组成封闭图形时，按式（2-7）计算约束力矩增量。

（6）对内部含有七个刚结点的无侧移结构，提前施加三个约束力矩增量并参与力矩分配与传递，按式（2-8）计算约束力矩增量。

本章对内部含有三个、五个、七个刚结点的无侧移结构，仅仅考虑了内部结点组成开口图形情况，主要是因为这三种情况下，内部结点组成封闭图形情况就实际应用来看并不常见；而对内部含有四个、六个刚结点情况分别考虑了两种情况，即内部结点组成开口图形情况与封闭图形情况。主要是考虑到工程中的多跨、多层框架结构在计算中经常会遇到内部结点组成封闭图形情况。

例如，图 2-29（a）所示三跨两层对称刚架结构若承受对称荷载作用，其半边结构如图 2-29（b）所示，半边结构为无侧移结构且内部四个结点组成了封闭图形。图 2-30（a）所示五跨两层对称刚架结构若承受对称荷载作用，其半边结构如图 2-30（b）所示，半边结构为无侧移结构且内部六个结点组成了封闭图

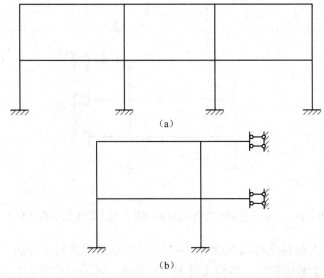

（a）

（b）

图 2-29　三跨两层对称刚架与对称荷载作用下的半边结构示意图

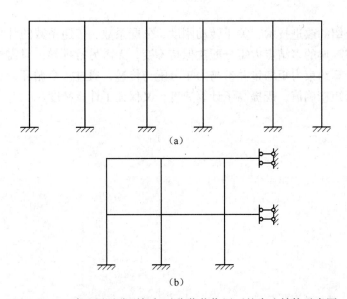

（a）

（b）

图 2-30　五跨两层对称刚架与对称荷载作用下的半边结构示意图

形。图 2-31（a）所示三跨三层对称刚架结构若承受对称荷载作用，其半边结构如图 2-31（b）所示，半边结构为无侧移结构且内部六个结点组成了封闭图形。

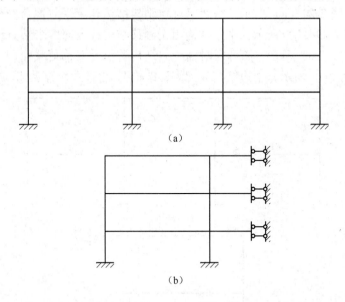

图 2-31 三跨三层对称刚架与对称荷载作用下的半边结构示意图

本章只对无侧移结构内部含有 2~7 个刚结点情况进行了分析，当结构内部含有的刚结点个数更多时，结构变得大型复杂化，可采用本书第 5 章介绍的多结点力矩分配法与子结构分析法的联合应用对其进行计算，详细计算方法参见本书第 5 章。

本章介绍的改进技术，关于转动刚度、分配系数、传递系数的计算公式以及解题思路与经典的多结点力矩分配法保持不变，无需另行推导，只需按照本章给出的公式计算约束力矩增量并参与力矩分配与传递，通过一个循环计算就可快速得到杆端弯矩精确值，既提高了计算速度，又保证了计算精度。

第3章 改进的多结点力矩分配法在有侧移结构中的推广应用

3.1 经典的无剪力分配法

经典的无剪力分配法是力矩分配法的一种特殊应用形式，它适用于特殊的有侧移刚架结构，即结构内部除了无垂直于杆轴线方向相对线位移的杆件外（以下简称无侧移杆件），其余有垂直于杆轴线方向相对线位移的杆件（以下简称有侧移杆件）必须是剪力静定的。有侧移杆件剪力静定是指这类杆件的横截面剪力利用静力平衡条件可以直接求出。

对于有侧移杆件剪力静定且内部只有一个刚结点的有侧移刚架结构，利用无剪力分配法经过对内部结点的一次放松与传递可直接得到杆端弯矩的精确值。例如，图 3-1（a）所示内部含有一个结点的单结点有侧移结构，AB 属于剪力静定的有侧移杆件，BC 属于无侧移杆件。其计算原理与计算步骤为：

第一步，对结点 B 施加约束，建立约束状态。荷载作用下，结点 B 附加约束上产生约束力矩 M_B，如图 3-1（b）所示。这里施加约束仅仅阻止结点的转动，并不阻止结点的移动。

第二步，对结点 B 放松约束，施加力偶（$-M_B$）进行力矩的分配与传递，如图 3-1（c）所示。放松约束后，结点 B 附加约束上产生的约束力矩变为 $M_B +（-M_B）= 0$，这就是结构真实的状态。可见，经过对内部结点 B 的一次放松与传递，结构累加的变形和内力就是真实的变形和内力。

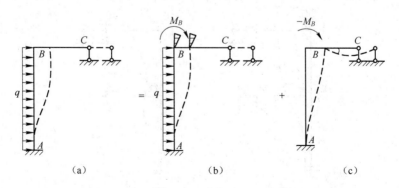

图 3-1 单结点无剪力分配法计算过程示意图

对有侧移杆件为剪力静定且内部含有多个刚结点的有侧移刚架结构，结构力学课程教材、工程力学手册提供了多结点无剪力分配法进行内力近似求解。其计算过程与经典的多结点力矩分配法是相同的，都是以渐近的方式，通过多个循环的计算，给出杆端弯矩的近似值。计算循环的次数，取决于计算过程中约束力矩趋向于零的速度，计算经验表明一般至少需要 2~3 个循环的计算才能得到较好的计算精度。其计算原理与计算步骤如下：

图 3-2（a）所示内部含有两个结点的多结点有侧移结构，AB、BC 属于剪力静定的有侧移杆件，CD、BE 属于无侧移杆件。采用经典的无剪力分配法需要对 B、C 两个结点轮流放松约束进行力矩的分配与传递（轮流放松一次，称为一个循环），然后经过多个循环计算，使杆端弯矩逐渐接近真实的弯矩值。以结点上的约束力矩是否趋向于零，作为停止循环计算过程的判据。

第一步，对结点 B、C 施加约束，建立约束状态。荷载作用下，结点 B、C 分别产生约束力矩 M_B、M_C，如图 3-2（b）所示。这里施加约束仅仅阻止结点的转动，并不阻止结点的移动。

第二步，对结点 B、C 轮流放松约束，分别施加力偶 $-M_B$、$-M'_C$ 进行力矩的分配与传递，上述过程称作一个循环，如图 3-2（c）和图 3-2（d）所示。经过一

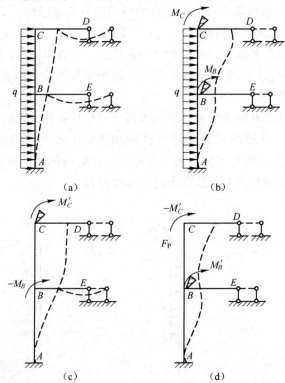

图 3-2 经典的多结点无剪力分配法计算过程示意图

个循环后结构累加的变形会比较接近真实的变形，此时 B、C 结点的约束力矩不会都等于零。重复第二步，经过多个循环的计算，直至 B、C 结点的约束力矩趋向于零，结构的变形和内力就收敛于真实的变形和内力。

对于有侧移杆件剪力静定且内部含有更多个结点的有侧移刚架结构，只要按照不相邻结点划分为一组的原则将内部多个结点分成两组，通过对两组结点轮流放松约束，经过多个计算循环的计算就可以得到杆端弯矩的近似值。

与无侧移结构的力矩分配法相比较，无剪力分配法应用中需要注意的问题主要是：

（1）约束状态。由于施加的约束仅仅阻止内部结点的转动，并没有阻止移动，在约束状态查表得到固端弯矩时，无侧移杆件的近端可以按固定端支座查表，但有侧移杆件须将其中一个近端看成滑动支座，另外一端看成固定端支座。如果有侧移杆件近端有非零的剪力，在近端滑动支座处需要施加一个垂直于杆轴线方向的集中力，近端剪力为零时，不需要施加集中力。例如，图 3-2（b）所示状态，对 BC、AB 杆件应按图 3-3 所示的力学模型查表得到固端弯矩。

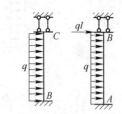

图 3-3 约束状态下的有侧移剪力静定杆件计算简图

（2）放松约束状态。由于放松约束状态时结点既产生转动又产生移动，有侧移杆杆件的转动刚度与传递系数分别是 $S=i$，$C=-1$，i 为有侧移杆杆件的线刚度。对无侧移杆件，结点沿杆轴线方向移动对转动刚度与传递系数不会产生影响，可按力矩分配法中对应的情况确定转动刚度与传递系数。

3.2 有侧移杆件剪力静定的特殊有侧移结构

本节针对有侧移杆件剪力静定的特殊有侧移结构，介绍多结点无剪力分配法的改进技术，其原理是在首先放松约束的结点上提前施加不同数目的约束力矩增量并参与力矩分配与传递，经过一个循环计算就达到每一个结点上的约束力矩都绝对等于零，从而快速得到了杆端弯矩的精确解。提前施加的约束力矩增量有明确的物理含义。本节将推导、建立约束力矩增量的解析计算公式。本节介绍的改进技术，关于转动刚度、分配系数、传递系数的计算公式以及解题思路与经典的多结点无剪力分配法保持不变，无需另行推导，只需按照公式计算约束力矩增量并参与力矩分配与传递，通过一个循环计算就可快速得到杆端弯矩精确值，既提高了计算速度，又保证了计算精度。

3.2.1 内部有两个刚结点参与力矩分配的改进技术

3.2.1.1 改进原理

图 3-4（a）所示内部含有两个刚结点的有侧移刚架结构，其内部有侧移杆件

为剪力静定杆件。在经典多结点无剪力分配法的基础上，首次对第一个结点 B 放松约束时，施加一个约束力矩增量 ΔM，通过对结点 B、C 轮流放松约束，完成单个循环的计算，如图 3-4（c）和图 3-4（d）所示。

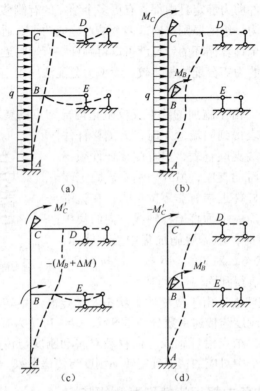

图 3-4　多结点无剪力分配法的改进

（内部含有两个结点）

图 3-4（c）所示放松结点 B、约束结点 C 状态（前半个循环），经过分配和传递，对 BC 杆，则有：

$$M'_{BC} =- (M_B + \Delta M)\mu_{BC}, \quad M'_{CB} = M'_{BC}C_{BC} =- (M_B + \Delta M)\mu_{BC}C_{BC}$$

放松结点 B 后，结点 C 的约束力矩变为：

$$M'_C = M_C + M'_{CB} = M_C - (M_B + \Delta M)\mu_{BC}C_{BC}$$

图 3-4（d）所示放松结点 C、约束结点 B 状态（后半个循环），经过分配和传递，对 BC 杆，则有：

$$M''_{CB} =- M'_C\mu_{CB} = [(M_B + \Delta M)\mu_{BC}C_{BC} - M_C]\mu_{CB}$$

$$M''_{BC} =M''_{CB}C_{BC} = [(M_B + \Delta M)\mu_{BC}C_{BC} - M_C]\mu_{CB}C_{BC}$$

令施加的约束力矩增量 ΔM 等于结点 C 放松完成后传递给结点 B 的弯矩，即 $\Delta M = M''_{BC}$，此时结点 B、C 的约束力矩都等于零。证明如下：

（1）放松结点 C 时，施加力偶 $-M'_C$，其中 $M'_C = M_C + M'_{CB}$，放松后结点 C 的

约束力矩变为 $M'_C + (-M'_C) = 0$。

（2）放松结点 C 后，结点 B 的约束力矩变为 $M_B + [-(M_B + \Delta M)] + M'_B$，由于 $M'_B = M''_{BC} = \Delta M$，因此，结点 B 的约束力矩也为零。

结点 B、C 的约束力矩都等于零，这就是结构真实的状态。因此，经过一个循环后累加的变形和内力就是结构真实的变形和内力。可见经过一个循环，就快速得到了杆端弯矩的精确值。

3.2.1.2 约束力矩增量 ΔM 的计算

令 $\Delta M = M''_{BC}$，即

$$\Delta M = [(M_B + \Delta M)\mu_{BC}C_{BC} - M_C]\mu_{CB}C_{BC}$$

得到

$$\Delta M = \frac{(M_B\mu_{BC}C_{BC} - M_C)\mu_{CB}C_{BC}}{1 - \mu_{BC}\mu_{CB}C_{BC}^2} \tag{3-1}$$

若 BC 杆为剪力静定杆件，将其传递系数 $C_{BC} = -1$ 代入式（3-1），得到：

$$\Delta M = \frac{(M_B\mu_{BC} + M_C)\mu_{CB}}{1 - \mu_{BC}\mu_{CB}} \tag{3-2}$$

式（3-1）、式（3-2）为两个刚结点参与力矩分配情况下，约束力矩增量 ΔM 的计算公式。式（3-1）和式（3-2）中，M_B 为约束状态下荷载作用产生的 B 结点约束力矩，等于 B 结点的固端弯矩之和；M_C 为约束状态下荷载作用产生的 C 结点约束力矩，等于 C 结点的固端弯矩之和；μ_{BC} 为 BC 杆在近端 B 的分配系数；μ_{CB} 为 BC 杆在近端 C 的分配系数；C_{BC} 为 BC 杆的传递系数。

应用式（3-1）计算约束力矩增量 ΔM 时，BC 杆可以是有侧移的剪力静定杆件，也可以是无侧移杆件。而应用式（3-2）计算约束力矩增量 ΔM 时，BC 杆必须是有侧移的剪力静定杆件。

3.2.1.3 应用举例

例 3-1 图 3-5 所示有侧移刚架结构，用改进的多结点无剪力分配法计算杆端弯矩的精确值并作 M 图，i 为杆件之间的相对线刚度。

解： 将荷载分成对称荷载与反对称荷载，如图 3-6（a）所示。

由于对称荷载在结构中不产生弯矩，以下分析中只考虑反对称荷载，其半边结构的力学模型如图 3-6（b）所示。

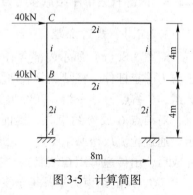

图 3-5 计算简图

以下用改进的多结点无剪力分配法求解半边结构。

对 B、C 施加约束，建立约束状态。荷载作用下，固端弯矩为：

$$M_{BA}^F = M_{AB}^F = -\frac{1}{2} \times 40 \times 4 = -80\text{kN} \cdot \text{m}, \quad M_{BC}^F = M_{CB}^F = -\frac{1}{2} \times 20 \times 4 = -40\text{kN} \cdot \text{m}$$

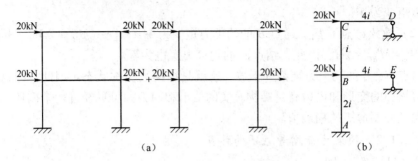

图 3-6 对称荷载与反对称荷载示意图

结点 B、C 产生的约束力矩分别为：$M_B = -120\text{kN} \cdot \text{m}$，$M_C = -40\text{kN} \cdot \text{m}$。

分配系数经计算得到：

$$\mu_{BC} = \frac{i}{i + 2i + 12i} = 0.067, \ \mu_{CB} = \frac{i}{i + 12i} = 0.077$$

其他分配系数如图 3-7（a）所示。

代入式（3-2）计算约束力矩增量，得到：

$$\Delta M = \frac{(M_B \mu_{BC} + M_C)\mu_{CB}}{1 - \mu_{BC}\mu_{CB}} = -3.72\text{kN} \cdot \text{m}$$

则 $M_B + \Delta M = -123.72\text{kN} \cdot \text{m}$

首先在结点 B，对 $-(M_B + \Delta M)$ 进行力矩分配与传递，然后在结点 C 进行力矩分配与传递，完成一个循环的计算。计算过程如图 3-7（a）所示，双横线上的数据为杆端弯矩的精确值，M 图如图 3-7（b）所示。

3.2.2 内部有三个刚结点参与力矩分配的改进技术

3.2.2.1 改进原理

对图 3-8（a）所示内部含有三个刚结点的有侧移刚架结构，AB、BC、CD 属于剪力静定杆件。将结点分成两组，轮流放松约束。其中不相邻的 B、D 结点为一组，C 结点为另一组。在经典多结点无剪力分配法的基础上，首先放松 C 结点，对结点 C 放松约束时，提前施加一个约束力矩增量 ΔM，如图 3-8（c）所示。通过轮流放松两组结点，完成单个循环的计算。令 ΔM 等于结点 B、D 放松完成后，由传递弯矩在结点 C 产生的约束力矩，即 $\Delta M = M'_C = M''_{CB} + M''_{CD}$，此时结点 B、C、D 的约束力矩都等于零。证明如下：

（1）放松结点 B、D 时，分别施加力偶 $-M'_B$、$-M'_D$，其中 $M'_B = M_B + M'_{BC}$，$M'_D = M_D + M'_{DC}$，放松后结点 B 的约束力矩变为 $M'_B + (-M'_B) = 0$，结点 D 的约束力矩变为 $M'_D + (-M'_D) = 0$。其中，M'_{BC}、M'_{DC} 为图 3-8（c）所示的首先放松结点 C 时产生的传递弯矩。

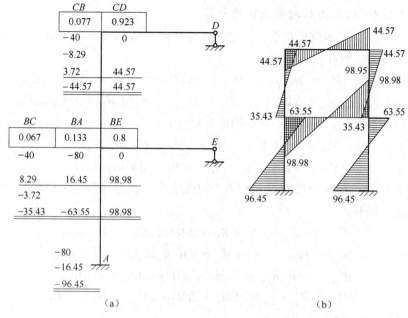

图 3-7 计算过程与 M 图（单位：kN·m）

（2）放松结点 B、D 后，结点 C 的约束力矩变为 $M_C + [-(M_C + \Delta M)] + M'_C$，由于 $M'_C = M''_{CB} + M''_{CD} = \Delta M$，因此，结点 C 的约束力矩也为零。其中，M''_{CB}、M''_{CD} 为图 3-8（d）所示的放松结点 B、D 时产生的传递弯矩。

结点 B、C、D 的约束力矩都等于零，这就是结构真实的状态。因此，经过一个循环后累加的变形和内力就是结构真实的变形和内力。可见经过一个循环，就快速得到了杆端弯矩的精确值。

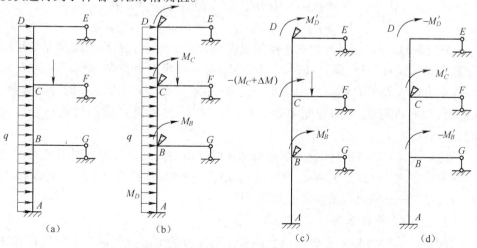

图 3-8 多结点无剪力分配法的改进
（内部含有三个结点）

3.2.2.2　约束力矩增量 ΔM 的计算

图 3-8（c）所示放松结点 C、约束结点 B 和 D 状态（前半个循环），经过力矩分配和传递，则有：

$$M'_{CB} = -(M_C + \Delta M)\mu_{CB}, \quad M'_{BC} = M'_{CB}C_{BC} = -(M_C + \Delta M)\mu_{CB}C_{BC}$$

$$M'_{CD} = -(M_C + \Delta M)\mu_{CD}, \quad M'_{DC} = M'_{CD}C_{CD} = -(M_C + \Delta M)\mu_{CD}C_{CD}$$

放松结点 C 后，结点 B、D 的约束力矩变为：

$$M'_B = M_B + M'_{BC} = M_B - (M_C + \Delta M)\mu_{CB}C_{BC}$$

$$M'_D = M_D + M'_{DC} = M_D - (M_C + \Delta M)\mu_{CD}C_{CD}$$

图 3-8（d）所示放松结点 B 和 D、约束结点 C 状态（后半个循环），经过分配和传递，则有：

$$M''_{BC} = -M'_B\mu_{BC} = [(M_C + \Delta M)\mu_{CB}C_{BC} - M_B]\mu_{BC}$$

$$M''_{CB} = M''_{BC}C_{BC} = [(M_C + \Delta M)\mu_{CB}C_{BC} - M_B]\mu_{BC}C_{BC}$$

$$M''_{DC} = -M'_D\mu_{DC} = [(M_C + \Delta M)\mu_{CD}C_{CD} - M_D]\mu_{DC}$$

$$M''_{CD} = M''_{DC}C_{CD} = [(M_C + \Delta M)\mu_{CD}C_{CD} - M_D]\mu_{DC}C_{CD}$$

令 $\Delta M = M''_{CB} + M''_{CD}$，即

$$\Delta M = [(M_C + \Delta M)\mu_{CB}C_{BC} - M_B]\mu_{BC}C_{BC} + [(M_C + \Delta M)\mu_{CD}C_{CD} - M_D]\mu_{DC}C_{CD}$$

解得：

$$\Delta M = \frac{(M_C\mu_{CB}C_{BC} - M_B)\mu_{BC}C_{BC}}{1 - \mu_{CB}\mu_{BC}C_{BC}^2 - \mu_{CD}\mu_{DC}C_{CD}^2} + \frac{(M_C\mu_{CD}C_{CD} - M_D)\mu_{DC}C_{CD}}{1 - \mu_{CB}\mu_{BC}C_{BC}^2 - \mu_{CD}\mu_{DC}C_{CD}^2} \qquad (3-3)$$

若 BC 杆、CD 杆均为剪力静定杆件，将传递系数 $C_{BC} = C_{CD} = -1$ 代入式（3-3），得到：

$$\Delta M = \frac{(M_C\mu_{CB} + M_B)\mu_{BC}}{1 - \mu_{CB}\mu_{BC} - \mu_{CD}\mu_{DC}} + \frac{(M_C\mu_{CD} + M_D)\mu_{DC}}{1 - \mu_{CB}\mu_{BC} - \mu_{CD}\mu_{DC}} \qquad (3-4)$$

式（3-3）、式（3-4）为三个刚结点参与力矩分配下，约束力矩增量 ΔM 的计算公式。式（3-3）和式（3-4）中，M_D 为约束状态下荷载作用产生的 D 结点约束力矩，等于 D 结点的固端弯矩之和；μ_{CD} 为 CD 杆在近端 C 的分配系数；μ_{DC} 为 CD 杆在近端 D 的分配系数；C_{CD} 为 CD 杆的传递系数；其他符号意义同前。

应用式（3-3）计算约束力矩增量 ΔM 时，BC 杆、CD 杆可以是有侧移的剪力静定杆件，也可以是无侧移杆件。而应用式（3-4）计算约束力矩增量 ΔM 时，BC 杆、CD 杆必须是有侧移的剪力静定杆件。

3.2.2.3　应用举例

例 3-2　图 3-9 所示有侧移刚架结构，用改进的多结点无剪力分配法计算杆端弯矩的精确值并作 M 图，i 为杆件之间的相对线刚度。

80kN
30kN/m
E
2i
D
i
C
i
B
i
6m
F
A
3m
3m
6m
6m

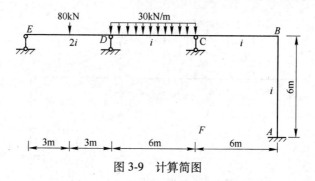

图 3-9 计算简图

解：对 B、C、D 施加约束，建立约束状态。荷载作用下，固端弯矩分别为：

$$M_{DE}^{F}=\frac{3}{16}\times 80\times 6=90\text{kN}\cdot\text{m},\ M_{DC}^{F}=-\frac{1}{12}\times 30\times 6^{2}=-90\text{kN}\cdot\text{m},$$

$$M_{CD}^{F}=\frac{1}{12}\times 30\times 6^{2}=90\text{kN}\cdot\text{m}$$

结点 B、C、D 产生的约束力矩分别为：

$$M_{B}=0$$
$$M_{C}=M_{CD}^{F}=90\text{kN}\cdot\text{m}$$
$$M_{D}=M_{DE}^{F}+M_{DC}^{F}=0$$

分配系数为：

$$\mu_{BC}=\frac{4i}{4i+i}=0.8,\quad \mu_{CB}=\frac{4i}{4i+4i}=0.5,\quad \mu_{CD}=\frac{4i}{4i+4i}=0.5,\quad \mu_{DC}=\frac{4i}{4i+3\times 2i}=0.4$$

本例中 BC 杆、CD 杆是无侧移杆件，$C_{BC}=C_{CD}=\frac{1}{2}$，代入式（3-3）计算约束力矩增量得到：$\Delta M=15.88\text{kN}\cdot\text{m}$。

则
$$M_{C}+\Delta M=105.88\text{kN}\cdot\text{m}$$

首先在结点 C，对 $-(M_{C}+\Delta M)$ 进行力矩分配与传递（前半个循环），然后在结点 B、D 进行力矩分配与传递（后半个循环），完成一个循环的计算。计算过程如图 3-10 所示，双横线上的数据为杆端弯矩的精确值，M 图如图 3-11 所示。

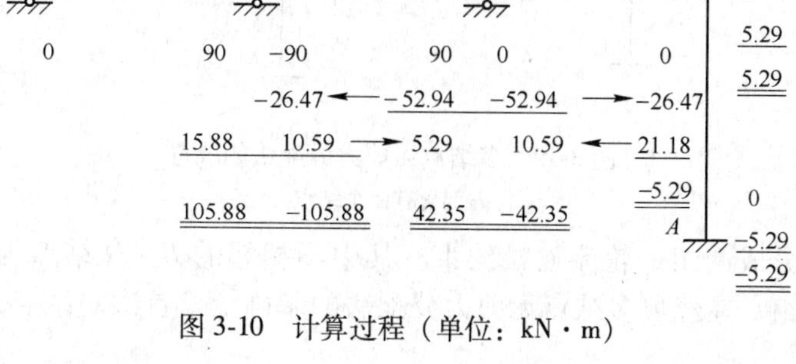

0.6
0.4
0.5
0.5
0.8
0.2
E
D
C
B
0
0
90
-90
90
0
0
5.29
5.29
-26.47
-52.94
-52.94
-26.47
15.88
10.59
5.29
10.59
21.18
-5.29
105.88
-105.88
42.35
-42.35
0
A
-5.29
-5.29

图 3-10 计算过程（单位：kN·m）

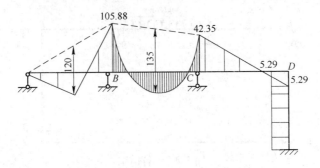

图 3-11 M 图（单位：kN·m）

3.2.3 内部有四个刚结点参与力矩分配的改进技术

本节只讨论结构内部的四个刚结点 B、C、D、E 首尾不相连、组成一个开口图形的情况（图 2-8（a）所示）。如果首尾相连、组成一个封闭图形（图 2-8（b）所示），有侧移杆不会全是剪力静定，不能直接采用无剪力分配法。

3.2.3.1 改进原理

对图 3-12（a）所示内部含有四个刚结点的有侧移刚架结构，AB、BC、CD、DE 杆件属于剪力静定杆件。

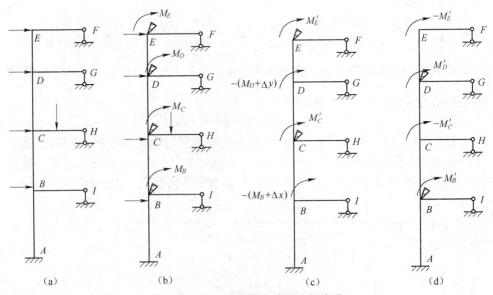

图 3-12 多结点无剪力分配法的改进
（内部含有四个结点）

将结点分成两组，轮流放松约束。其中不相邻的 B、D 结点为一组，C、E 结点为另一组。在经典多结点无剪力分配法的基础上，首次对结点 B、D 放松约束时，分别提前施加两个约束力矩增量 Δx、Δy 并参与力矩分配与传递，如图 3-12（c）所示。通过对两组结点轮流放松约束，完成单个循环的计算。令 Δx、Δy 等于结点 C、E 放松完成后，由传递弯矩在结点 B、D 产生的约束力矩，即 $\Delta x = M'_B = M''_{BC}$，$\Delta y = M'_D = M''_{DC} + M''_{DE}$，如图 3-12（d）所示。其中，$M''_{BC}$、$M''_{DC}$、$M''_{DE}$ 为图 3-12（d）所示放松结点 C、E 时在 B、D 端产生的传递弯矩。此时结点 B、C、D、E 的约束力矩都等于零。证明如下：

（1）放松结点 C、E 时，分别施加力偶 $-M'_C$、$-M'_E$，$M'_C = M_C + M'_{CB} + M'_{CD}$，$M'_E = M_E + M'_{ED}$，其中，$M'_{CB}$、$M'_{CD}$、$M'_{ED}$ 为图 3-12（c）所示放松结点 B、D 时在 C、E 端产生的传递弯矩。放松后，结点 C 的约束力矩变为 $M'_C + (-M'_C) = 0$，结点 E 的约束力矩变为 $M'_E + (-M'_E) = 0$。

（2）放松结点 C、E 后，结点 B 的约束力矩变为 $M_B + [-(M_B + \Delta x)] + M'_B$，由于 $M'_B = M''_{BC} = \Delta x$，因此，$M_B + [-(M_B + \Delta x)] + M'_B = 0$，即结点 B 的约束力矩为零。

（3）放松结点 C、E 后，结点 D 的约束力矩变为 $M_D + [-(M_D + \Delta y)] + M'_D$，由于 $M'_D = M''_{DC} + M''_{DE} = \Delta y$，因此，$M_D + [-(M_D + \Delta y)] + M'_D = 0$，即结点 D 的约束力矩为零。

结点 B、C、D、E 的约束力矩都等于零，这就是结构真实的状态。因此，经过一个循环后累加的变形和内力就是结构真实的变形和内力。可见经过一个循环，就快速得到了杆端弯矩的精确值。

3.2.3.2 约束力矩增量 Δx 与 Δy 的计算

图 3-12（c）所示放松结点 B、D，约束结点 C、E 状态（前半个循环），经过力矩的分配和传递，则有：

$$M'_{BC} = -(M_B + \Delta x)\mu_{BC}, \quad M'_{CB} = M'_{BC}C_{BC} = -(M_B + \Delta x)\mu_{BC}C_{BC}$$
$$M'_{DC} = -(M_D + \Delta y)\mu_{DC}, \quad M'_{CD} = M'_{DC}C_{CD} = -(M_D + \Delta y)\mu_{DC}C_{CD}$$
$$M'_{DE} = -(M_D + \Delta y)\mu_{DE}, \quad M'_{ED} = M'_{DE}C_{DE} = -(M_D + \Delta y)\mu_{DE}C_{DE}$$

此时，结点 C 的约束力矩变为：

$$M'_C = M_C + M'_{CB} + M'_{CD} = M_C - (M_B + \Delta x)\mu_{BC}C_{BC} - (M_D + \Delta y)\mu_{DC}C_{CD}$$

结点 E 的约束力矩变为：$M'_E = M_E + M'_{ED} = M_E - (M_D + \Delta y)\mu_{DE}C_{DE}$

图 3-12（d）所示放松结点 C、E，约束结点 B、D 状态（后半个循环），经过力矩的分配和传递，则有：

$$M''_{CB} = -M'_C\mu_{CB} = (M_B + \Delta x)\mu_{BC}\mu_{CB}C_{BC} + (M_D + \Delta y)\mu_{DC}\mu_{CB}C_{CD} - M_C\mu_{CB}$$
$$M''_{BC} = M''_{CB}C_{BC} = (M_B + \Delta x)\mu_{BC}\mu_{CB}C_{BC}^2 + (M_D + \Delta y)\mu_{DC}\mu_{CB}C_{CD}C_{BC} - M_C\mu_{CB}C_{BC}$$
$$M''_{CD} = -M'_C\mu_{CD} = (M_B + \Delta x)\mu_{BC}C_{BC}\mu_{CD} + (M_D + \Delta y)\mu_{DC}\mu_{CD}C_{CD} - M_C\mu_{CD}$$
$$M''_{DC} = M''_{CD}C_{CD} = (M_B + \Delta x)\mu_{BC}\mu_{CD}C_{BC}C_{CD} + (M_D + \Delta y)\mu_{DC}\mu_{CD}C_{CD}^2 - M_C\mu_{CD}C_{CD}$$
$$M''_{ED} = -M'_E\mu_{ED} = (M_D + \Delta y)\mu_{DE}\mu_{ED}C_{DE} - M_E\mu_{ED}$$

$$M''_{DE} = M''_{ED}C_{DE} = (M_D + \Delta y)\mu_{DE}\mu_{ED}C_{DE}^2 - M_E\mu_{ED}C_{DE}$$

令 $\Delta x = M'_B = M''_{BC}$，$\Delta y = M'_D = M''_{DC} + M''_{DE}$，建立关于 Δx、Δy 的方程组，即

$$\begin{cases} \Delta x = (M_B + \Delta x)\mu_{BC}\mu_{CB}C_{BC}^2 + (M_D + \Delta y)\mu_{DC}\mu_{CB}C_{CD}C_{BC} - M_C\mu_{CB}C_{BC} \\ \Delta y = (M_B + \Delta x)\mu_{BC}\mu_{CD}C_{BC}C_{CD} + (M_D + \Delta y)\mu_{DC}\mu_{CD}C_{CD}^2 - M_C\mu_{CD}C_{CD} + \\ \qquad (M_D + \Delta y)\mu_{DE}\mu_{ED}C_{DE}^2 - M_E\mu_{ED}C_{DE} \end{cases}$$

由于 BC 杆、CD 杆、DE 杆为剪力静定杆件，将其传递系数 $C_{BC} = C_{CD} = C_{DE} = -1$，代入上式得到：

$$\begin{cases} \Delta x = (M_B + \Delta x)\mu_{BC}\mu_{CB} + (M_D + \Delta y)\mu_{DC}\mu_{CB} + M_C\mu_{CB} \\ \Delta y = (M_B + \Delta x)\mu_{BC}\mu_{CD} + (M_D + \Delta y)\mu_{DC}\mu_{CD} + M_C\mu_{CD} + \\ \qquad (M_D + \Delta y)\mu_{DE}\mu_{ED} + M_E\mu_{ED} \end{cases}$$

整理上述方程组得到：

$$\begin{cases} A_1\Delta x + B_1\Delta y = C_1 \\ A_2\Delta x + B_2\Delta y = C_2 \end{cases}$$

式中，$A_1 = \mu_{BC}\mu_{CB} - 1$；$B_1 = \mu_{DC}\mu_{CB}$；$C_1 = -(M_B\mu_{BC} + M_D\mu_{DC} + M_C)\mu_{CB}$；$A_2 = \mu_{BC}\mu_{CD}$；$B_2 = \mu_{DC}\mu_{CD} + \mu_{DE}\mu_{ED} - 1$；$C_2 = -(M_B\mu_{BC} + M_D\mu_{DC} + M_C)\mu_{CD} - (M_D\mu_{DE} + M_E)\mu_{ED}$。

解得

$$\Delta x = \frac{D_1}{D_0}, \qquad \Delta y = \frac{D_2}{D_0} \tag{3-5}$$

式中，$D_1 = \begin{vmatrix} C_1 & B_1 \\ C_2 & B_2 \end{vmatrix}$；$D_2 = \begin{vmatrix} A_1 & C_1 \\ A_2 & C_2 \end{vmatrix}$；$D_0 = \begin{vmatrix} A_1 & B_1 \\ A_2 & B_2 \end{vmatrix}$。

式 (3-5) 为内部结点 B、C、D、E 首尾不相连情况下，约束力矩增量 Δx、Δy 的计算公式。上述各式中，M_E 为约束状态下荷载作用产生的 E 结点约束力矩，等于 E 结点的固端弯矩之和；μ_{DE} 为 DE 杆在近端 D 的分配系数；μ_{ED} 为 DE 杆在近端 E 的分配系数；其他符号意义同前。

3.2.4 内部有五个刚结点参与力矩分配的改进技术

本节只讨论结构内部的五个刚结点 B、C、D、E、F 首尾不相连、组成一个开口图形情况。如果首尾相连、组成一个封闭图形，有侧移杆不会全是剪力静定，不能直接采用无剪力分配法。

3.2.4.1 改进原理

图 3-13 （a）所示内部含有五个刚结点的有侧移刚架结构，AB、BC、CD、DE、EF 杆件属于剪力静定杆件。

将结点分成两组，轮流放松约束。其中不相邻的 B、D、F 结点为一组，C、

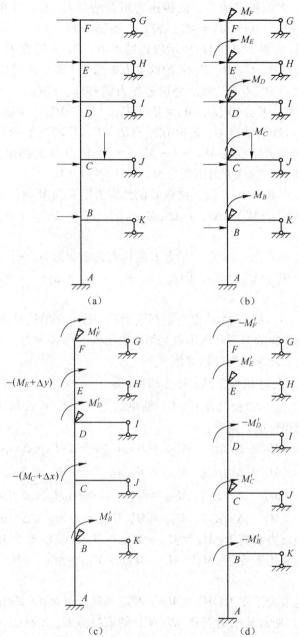

图 3-13　多结点无剪力分配法的改进

(内部含有五个结点)

E 结点为另一组。在经典多结点无剪力分配法的基础上，首次对结点 C、E 放松约束时，分别提前施加两个约束力矩增量 Δx、Δy 并参与力矩分配与传递，如图 3-13 (c) 所示。通过对两组结点轮流放松约束，完成单个循环的计算。令 ΔM

等于结点 B、D、F 放松完成后，由传递弯矩在结点 C、E 产生的约束力矩，即 $\Delta x = M'_C = M''_{CB} + M''_{CD}$，$\Delta y = M'_E = M''_{ED} + M''_{EF}$，如图 3-13（d）所示。其中，$M''_{CB}$、$M''_{CD}$、$M''_{ED}$、$M''_{EF}$ 为图 3-13（d）所示放松结点 B、D、F 时在 C、E 端产生的传递弯矩。此时结点 B、C、D、E、F 的约束力矩都等于零。证明如下：

（1）放松结点 B、D、F 时，分别施加力偶 $-M'_B$、$-M'_D$、$-M'_F$，其中 $M'_B = M_B + M'_{BC}$，$M'_D = M_D + M'_{DC} + M'_{DE}$，$M'_F = M_F + M'_{FE}$。其中 M'_{BC}、M'_{DC}、M'_{DE}、M'_{FE} 为图 3-13（c）所示放松结点 C、E 时在结点 B、D、F 端产生的传递弯矩。放松后，结点 B 的约束力矩变为 $M'_B + (-M'_B) = 0$，结点 D 的约束力矩变为 $M'_D + (-M'_D) = 0$，结点 F 的约束力矩变为 $M'_F + (-M'_F) = 0$。

（2）放松结点 B、D、F 后，结点 C 的约束力矩变为 $M_C + [-(M_C + \Delta x)] + M'_C$，由于 $M'_C = M''_{CB} + M''_{CD} = \Delta x$，因此，$M_C + [-(M_C + \Delta x)] + M'_C = 0$，即结点 C 的约束力矩为零。

（3）放松结点 B、D、F 后，结点 E 的约束力矩变为 $M_E + [-(M_E + \Delta y)] + M'_E$，由于 $M'_E = M''_{ED} + M''_{EF} = \Delta y$，因此，$M_E + [-(M_E + \Delta y)] + M'_E = 0$，即结点 E 的约束力矩为零。

结点 B、C、D、E、F 的约束力矩都等于零，这就是结构真实的状态。因此，经过一个循环后累加的变形和内力就是结构真实的变形和内力。可见经过一个循环，就快速得到了杆端弯矩的精确值。

3.2.4.2　约束力矩增量 Δx 与 Δy 的计算

图 3-13（c）所示放松结点 C、E，约束结点 B、D、F 状态（前半个循环），经过力矩的分配和传递，则有：

$$M'_{CB} = -(M_C + \Delta x)\mu_{CB}, \quad M'_{BC} = M'_{CB}C_{BC} = -(M_C + \Delta x)\mu_{CB}C_{BC}$$

$$M'_{CD} = -(M_C + \Delta x)\mu_{CD}, \quad M'_{DC} = M'_{CD}C_{CD} = -(M_C + \Delta x)\mu_{CD}C_{CD}$$

$$M'_{ED} = -(M_E + \Delta y)\mu_{ED}, \quad M'_{DE} = M'_{ED}C_{DE} = -(M_E + \Delta y)\mu_{ED}C_{DE}$$

$$M'_{EF} = -(M_E + \Delta y)\mu_{EF}, \quad M'_{FE} = M'_{EF}C_{EF} = -(M_E + \Delta y)\mu_{EF}C_{EF}$$

结点 B 的约束力矩变为：$M'_B = M_B + M'_{BC} = M_B - (M_C + \Delta x)\mu_{CB}C_{BC}$

结点 D 的约束力矩变为：$M'_D = M_D + M'_{DC} + M'_{DE} = M_D - (M_C + \Delta x)\mu_{CD}C_{CD} - (M_E + \Delta y)\mu_{ED}C_{DE}$

结点 F 的约束力矩变为：$M'_F = M_F + M'_{FE} = M_F - (M_E + \Delta y)\mu_{EF}C_{EF}$

图 3-13（d）所示放松结点 B、D、F，约束结点 C、E 状态（后半个循环），经过力矩的分配和传递，则有：

$$M''_{BC} = -M'_B\mu_{BC} = [(M_C + \Delta x)\mu_{CB}C_{BC} - M_B]\mu_{BC}$$

$$M''_{CB} = M''_{BC}C_{BC} = [(M_C + \Delta x)\mu_{CB}C_{BC} - M_B]\mu_{BC}C_{BC}$$

$$M''_{DC} = -M'_D\mu_{DC} = [(M_C + \Delta x)\mu_{CD}C_{CD} + (M_E + \Delta y)\mu_{ED}C_{DE} - M_D]\mu_{DC}$$

$$M''_{CD} = M''_{DC}C_{CD} = [(M_C + \Delta x)\mu_{CD}C_{CD} + (M_E + \Delta y)\mu_{ED}C_{DE} - M_D]\mu_{DC}C_{CD}$$

$$M''_{DE} = -M'_D\mu_{DE} = [(M_C + \Delta x)\mu_{CD}C_{CD} + (M_E + \Delta y)\mu_{ED}C_{DE} - M_D]\mu_{DE}$$

$$M''_{ED} = M''_{DE}C_{DE} = [(M_C + \Delta x)\mu_{CD}C_{CD} + (M_E + \Delta y)\mu_{ED}C_{DE} - M_D]\mu_{DE}C_{DE}$$

$$M''_{FE} = -M'_F\mu_{FE} = [(M_E + \Delta y)\mu_{EF}C_{EF} - M_F]\mu_{FE}$$

$$M''_{EF} = M''_{FE}C_{EF} = [(M_E + \Delta y)\mu_{EF}C_{EF} - M_F]\mu_{FE}C_{EF}$$

令 $\Delta x = M'_C = M''_{CB} + M''_{CD}$，$\Delta y = M'_E = M''_{ED} + M''_{EF}$

建立关于 Δx、Δy 的方程组，即

$$\begin{cases} \Delta x = [(M_C + \Delta x)\mu_{CB}C_{BC} - M_B]\mu_{BC}C_{BC} + [(M_C + \Delta x)\mu_{CD}C_{CD} + \\ \quad (M_E + \Delta y)\mu_{ED}C_{DE} - M_D]\mu_{DC}C_{CD} \\ \Delta y = [(M_C + \Delta x)\mu_{CD}C_{CD} + (M_E + \Delta y)\mu_{ED}C_{DE} - M_D]\mu_{DE}C_{DE} + \\ \quad [(M_E + \Delta y)\mu_{EF}C_{EF} - M_F]\mu_{FE}C_{EF} \end{cases}$$

由于 BC 杆、CD 杆、DE 杆、EF 杆为剪力静定杆件，将其传递系数 $C_{BC} = C_{CD} = C_{DE} = C_{EF} = -1$，代入上式得到：

$$\begin{cases} \Delta x = [(M_C + \Delta x)\mu_{CB} + M_B]\mu_{BC} + [(M_C + \Delta x)\mu_{CD} + (M_E + \Delta y)\mu_{ED} + M_D]\mu_{DC} \\ \Delta y = [(M_C + \Delta x)\mu_{CD} + (M_E + \Delta y)\mu_{ED} + M_D]\mu_{DE} + [(M_E + \Delta y)\mu_{EF} + M_F]\mu_{FE} \end{cases}$$

整理上述方程组得到：

$$\begin{cases} A_1\Delta x + B_1\Delta y = C_1 \\ A_2\Delta x + B_2\Delta y = C_2 \end{cases}$$

式中，$A_1 = \mu_{CB}\mu_{BC} + \mu_{CD}\mu_{DC} - 1$；$B_1 = \mu_{ED}\mu_{DC}$；$C_1 = -(M_C\mu_{CB} + M_B)\mu_{BC} - (M_C\mu_{CD} + M_E\mu_{ED} + M_D)\mu_{DC}$；$A_2 = \mu_{CD}\mu_{DE}$；$B_2 = \mu_{ED}\mu_{DE} + \mu_{EF}\mu_{FE} - 1$；$C_2 = -(M_C\mu_{CD} + M_E\mu_{ED} + M_D)\mu_{DE} - (M_E\mu_{EF} + M_F)\mu_{FE}$。

解得

$$\Delta x = \frac{D_1}{D_0}, \qquad \Delta y = \frac{D_2}{D_0} \tag{3-6}$$

式中，$D_0 = \begin{vmatrix} A_1 & B_1 \\ A_2 & B_2 \end{vmatrix}$；$D_1 = \begin{vmatrix} C_1 & B_1 \\ C_2 & B_2 \end{vmatrix}$；$D_2 = \begin{vmatrix} A_1 & C_1 \\ A_2 & C_2 \end{vmatrix}$。

式（3-6）为内部结点 B、C、D、E、F 首尾不相连情况下、约束力矩增量 Δx、Δy 的计算公式。上述各式中，M_F 为约束状态下荷载作用产生的 F 结点约束力矩，等于 F 结点的固端弯矩之和；μ_{EF} 为 EF 杆在近端 E 的分配系数；μ_{FE} 为 EF 杆在近端 F 的分配系数；其他符号意义同前。

3.2.5　内部有六个刚结点参与力矩分配的改进技术

本节只讨论结构内部的六个刚结点 B、C、D、E、F、G 首尾不相连、组成一个开口图形情况。如果首尾相连、组成一个封闭图形，有侧移杆不会全是剪力静定，不能直接采用无剪力分配法。

3.2.5.1 改进原理

图 3-14 (a) 所示内部含有六个刚结点的有侧移刚架结构,AB、BC、CD、DE、EF、FG 杆件属于剪力静定杆件。将结点分成两组,轮流放松约束。其中不相邻的 B、D、F 结点为一组,C、E、G 结点为另一组。在经典多结点无剪力分配法的基础上,首次对结点 B、D、F 放松约束时,分别提前施加约束力矩增量 Δx、Δy、Δz,如图 3-14 (c) 所示。通过对两组结点轮流放松约束,完成单个循环的计算。令 Δx、Δy、Δz 分别等于结点 C、E、G 放松完成后,由传递弯矩在结点 B、D、F 产生的约束力矩,即 $\Delta x = M'_B = M''_{BC}$,$\Delta y = M'_D = M''_{DC} + M''_{DE}$,$\Delta z = M'_F = M''_{FE} + M''_{FG}$,如图 3-14 (d) 所示。其中,$M''_{BC}$、$M''_{DC}$、$M''_{DE}$、$M''_{FE}$、$M''_{FG}$ 为图 3-14 (d) 放松结点 C、E、G 时在 B、D、F 端产生的传递弯矩。此时结点 B、C、D、E、F、G 的约束力矩都等于零。证明如下:

(1) 放松结点 C、E、G 时,分别施加力偶 $-M'_C$、$-M'_E$、$-M'_G$,其中 $M'_C = M_C + M'_{CB} + M'_{CD}$,$M'_E = M_E + M'_{ED} + M'_{EF}$,$M'_G = M_G + M'_{GF}$。其中 M'_{CB}、M'_{CD}、M'_{ED}、M'_{EF}、M'_{GF} 为图 3-14 (c) 所示放松结点 B、D、F 时在结点 C、E、G 端产生的传递弯矩。放松后,结点 C 的约束力矩变为 $M'_C + (-M'_C) = 0$,结点 E 的约束力矩变为 $M'_E + (-M'_E) = 0$,结点 G 的约束力矩变为 $M'_G + (-M'_G) = 0$。

(2) 放松结点 C、E、G 后,结点 B 的约束力矩变为 $M_B + [-(M_B + \Delta x)] + M'_B$,由于 $M'_B = M''_{BC} = \Delta x$,因此,$M_B + [-(M_B + \Delta x)] + M'_B = 0$,即结点 B 的约束力矩为零。

(3) 放松结点 C、E、G 后,结点 D 的约束力矩变为 $M_D + [-(M_D + \Delta y)] + M'_D$,由于 $M'_D = M''_{DC} + M''_{DE} = \Delta y$,因此,$M_D + [-(M_D + \Delta y)] + M'_D = 0$,即结点 D 的约束力矩为零。

(4) 放松结点 C、E、G 后,结点 F 的约束力矩变为 $M_F + [-(M_F + \Delta z)] + M'_F$,由于 $M'_F = M''_{FE} + M''_{FG} = \Delta z$,因此,$M_F + [-(M_F + \Delta z)] + M'_F = 0$,即结点 F 的约束力矩为零。

结点 B、C、D、E、F、G 的约束力矩都等于零,这就是结构真实的状态。因此,经过一个循环后累加的变形和内力就是结构真实的变形和内力。可见经过一个循环,就快速得到了杆端弯矩的精确值。

3.2.5.2 约束力矩增量 Δx、Δy、Δz 的计算

图 3-14 (c) 所示放松结点 B、D、F,约束结点 C、E、G 状态(前半个循环),经过力矩的分配和传递,则有:

$$M'_{BA} = -(M_B + \Delta x)\mu_{BA}, \quad M'_{BC} = -(M_B + \Delta x)\mu_{BC},$$

$$M'_{CB} = M'_{BC}C_{BC} = -(M_B + \Delta x)\mu_{BC}C_{BC}$$

$$M'_{DC} = -(M_D + \Delta y)\mu_{DC}, \quad M'_{CD} = M'_{DC}C_{CD} = -(M_D + \Delta y)\mu_{DC}C_{CD}$$

$$M'_{DE} = -(M_D + \Delta y)\mu_{DE}, \quad M'_{ED} = M'_{DE}C_{DE} = -(M_D + \Delta y)\mu_{DE}C_{DE}$$

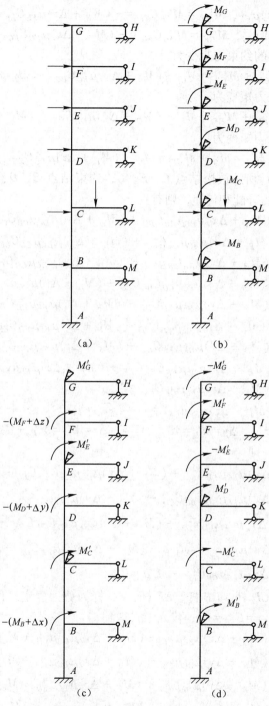

图 3-14 多结点无剪力分配法的改进

（内部含有六个结点）

$$M'_{FE} = -(M_F + \Delta z)\mu_{FE}, \quad M'_{EF} = M'_{FE}C_{EF} = -(M_F + \Delta z)\mu_{FE}C_{EF}$$
$$M'_{FG} = -(M_F + \Delta z)\mu_{FG}, \quad M'_{GF} = M'_{FG}C_{FG} = -(M_F + \Delta z)\mu_{FG}C_{FG}$$

此时，结点 C 的约束力矩变为：

$$M'_C = M_C + M'_{CB} + M'_{CD} = M_C - (M_B + \Delta x)\mu_{BC}C_{BC} - (M_D + \Delta y)\mu_{DC}C_{CD}$$

结点 E 的约束力矩变为：

$$M'_E = M_E + M'_{ED} + M'_{EF} = M_E - (M_D + \Delta y)\mu_{DE}C_{DE} - (M_F + \Delta z)\mu_{FE}C_{EF}$$

结点 G 的约束力矩变为：

$$M'_G = M_G + M'_{GF} = M_G - (M_F + \Delta z)\mu_{FG}C_{FG}$$

对图 3-14（d）所示放松结点 C、E、G，约束结点 B、D、F 状态（后半个循环），经过力矩的分配和传递，则有：

$$M''_{CB} = -M'_C\mu_{CB} = (M_B + \Delta x)\mu_{BC}\mu_{CB}C_{BC} + (M_D + \Delta y)\mu_{DC}\mu_{CB}C_{CD} - M_C\mu_{CB}$$
$$M''_{BC} = M''_{CB}C_{BC} = (M_B + \Delta x)\mu_{BC}\mu_{CB}C^2_{BC} + (M_D + \Delta y)\mu_{DC}\mu_{CB}C_{CD}C_{BC} - M_C\mu_{CB}C_{BC}$$
$$M''_{CD} = -M'_C\mu_{CD} = (M_B + \Delta x)\mu_{BC}C_{BC}\mu_{CD} + (M_D + \Delta y)\mu_{DC}\mu_{CD}C_{CD} - M_C\mu_{CD}$$
$$M''_{DC} = M''_{CD}C_{CD} = (M_B + \Delta x)\mu_{BC}\mu_{CD}C_{BC}C_{CD} + (M_D + \Delta y)\mu_{DC}\mu_{CD}C^2_{CD} - M_C\mu_{CD}C_{CD}$$
$$M''_{ED} = -M'_E\mu_{ED} = (M_D + \Delta y)\mu_{DE}\mu_{ED}C_{DE} + (M_F + \Delta z)\mu_{FE}\mu_{ED}C_{EF} - M_E\mu_{ED}$$
$$M''_{DE} = M''_{ED}C_{DE} = (M_D + \Delta y)\mu_{DE}\mu_{ED}C^2_{DE} + (M_F + \Delta z)\mu_{FE}\mu_{ED}C_{EF}C_{DE} - M_E\mu_{ED}C_{DE}$$
$$M''_{EF} = -M'_E\mu_{EF} = (M_D + \Delta y)\mu_{DE}\mu_{EF}C_{DE} + (M_F + \Delta z)\mu_{FE}\mu_{EF}C_{EF} - M_E\mu_{EF}$$
$$M''_{FE} = M''_{EF}C_{EF} = (M_D + \Delta y)\mu_{DE}\mu_{EF}C_{DE}C_{EF} + (M_F + \Delta z)\mu_{FE}\mu_{EF}C^2_{EF} - M_E\mu_{EF}C_{EF}$$
$$M''_{GF} = -M'_G\mu_{GF} = (M_F + \Delta z)\mu_{FG}\mu_{GF}C_{FG} - M_G\mu_{GF}$$
$$M''_{FG} = M''_{GF}C_{FG} = (M_F + \Delta z)\mu_{FG}\mu_{GF}C^2_{FG} - M_G\mu_{GF}C_{FG}$$

令 $\Delta x = M'_B = M''_{BC}$，$\Delta y = M'_D = M''_{DC} + M''_{DE}$，$\Delta z = M'_F = M''_{FE} + M''_{FG}$，建立关于 Δx、Δy、Δz 的方程组，即

$$\begin{cases} \Delta x = (M_B + \Delta x)\mu_{BC}\mu_{CB}C^2_{BC} + (M_D + \Delta y)\mu_{DC}\mu_{CB}C_{CD}C_{BC} - M_C\mu_{CB}C_{BC} \\ \Delta y = (M_B + \Delta x)\mu_{BC}\mu_{CD}C_{BC}C_{CD} + (M_D + \Delta y)\mu_{DC}\mu_{CD}C^2_{CD} - M_C\mu_{CD}C_{CD} + \\ \qquad (M_D + \Delta y)\mu_{DE}\mu_{ED}C^2_{DE} + (M_F + \Delta z)\mu_{FE}\mu_{ED}C_{EF}C_{DE} - M_E\mu_{ED}C_{DE} \\ \Delta z = (M_D + \Delta y)\mu_{DE}\mu_{EF}C_{DE}C_{EF} + (M_F + \Delta z)\mu_{FE}\mu_{EF}C^2_{EF} - M_E\mu_{EF}C_{EF} + \\ \qquad (M_F + \Delta z)\mu_{FG}\mu_{GF}C^2_{FG} - M_G\mu_{GF}C_{FG} \end{cases}$$

由于 BC 杆、CD 杆、DE 杆、EF 杆、FG 杆为剪力静定杆件，将其传递系数 $C_{BC} = C_{CD} = C_{DE} = C_{EF} = C_{FG} = -1$，代入上式得到

$$\begin{cases} \Delta x = (M_B + \Delta x)\mu_{BC}\mu_{CB} + (M_D + \Delta y)\mu_{DC}\mu_{CB} + M_C\mu_{CB} \\ \Delta y = (M_B + \Delta x)\mu_{BC}\mu_{CD} + (M_D + \Delta y)\mu_{DC}\mu_{CD} + M_C\mu_{CD} + \\ \qquad (M_D + \Delta y)\mu_{DE}\mu_{ED} + (M_F + \Delta z)\mu_{FE}\mu_{ED} + M_E\mu_{ED} \\ \Delta z = (M_D + \Delta y)\mu_{DE}\mu_{EF} + (M_F + \Delta z)\mu_{FE}\mu_{EF} + M_E\mu_{EF} + \\ \qquad (M_F + \Delta z)\mu_{FG}\mu_{GF} + M_G\mu_{GF} \end{cases}$$

整理上述方程组得到：

$$\begin{cases} A_1\Delta x + B_1\Delta y + C_1\Delta z = D_1 \\ A_2\Delta x + B_2\Delta y + C_2\Delta z = D_2 \\ A_3\Delta x + B_3\Delta y + C_3\Delta z = D_3 \end{cases}$$

式中，$A_1=\mu_{BC}\mu_{CB}-1$；$B_1=\mu_{DC}\mu_{CB}$；$C_1=0$；$D_1=-(M_B\mu_{BC}+M_D\mu_{DC}+M_C)\mu_{CB}$；$A_2=\mu_{BC}\mu_{CD}$；$B_2=\mu_{DC}\mu_{CD}+\mu_{DE}\mu_{ED}-1$；$C_2=\mu_{FE}\mu_{ED}$；$D_2=-(M_B\mu_{BC}+M_D\mu_{DC}+M_C)\mu_{CD}-(M_D\mu_{DE}+M_F\mu_{FE}+M_E)\mu_{ED}$；$A_3=0$；$B_3=\mu_{DE}\mu_{EF}$；$C_3=\mu_{FE}\mu_{EF}+\mu_{FG}\mu_{GF}-1$；$D_3=-(M_D\mu_{DE}+M_F\mu_{FE}+M_E)\mu_{EF}-(M_F\mu_{FG}+M_G)\mu_{GF}$。

解得

$$\Delta x=\frac{E_1}{E_0}, \ \Delta y=\frac{E_2}{E_0}, \ \Delta z=\frac{E_3}{E_0} \tag{3-7}$$

式中

$$E_0=\begin{vmatrix} A_1 & B_1 & C_1 \\ A_2 & B_2 & C_2 \\ A_3 & B_3 & C_3 \end{vmatrix}; \ E_1=\begin{vmatrix} D_1 & B_1 & C_1 \\ D_2 & B_2 & C_2 \\ D_3 & B_3 & C_3 \end{vmatrix}; \ E_2=\begin{vmatrix} A_1 & D_1 & C_1 \\ A_2 & D_2 & C_2 \\ A_3 & D_3 & C_3 \end{vmatrix}; \ E_3=\begin{vmatrix} A_1 & B_1 & D_1 \\ A_2 & B_2 & D_2 \\ A_3 & B_3 & D_3 \end{vmatrix}$$

式（3-7）为内部结点 B、C、D、E、F、G 首尾不相连情况下、约束力矩增量 Δx、Δy、Δz 的计算公式。上述各式中，M_G 为约束状态下荷载作用产生的 G 结点约束力矩，等于 G 结点的固端弯矩之和；μ_{FG} 为 FG 杆在近端 F 的分配系数；μ_{GF} 为 FG 杆在近端 G 的分配系数；其他符号意义同前。

3.2.6　内部有七个刚结点参与力矩分配的改进技术

本节只讨论结构内部的七个刚结点 B、C、D、E、F、G、H 首尾不相连、组成一个开口图形情况。如果首尾相连、组成一个封闭图形，有侧移杆不会全是剪力静定，不能直接采用无剪力分配法。

3.2.6.1　改进原理

图 3-15（a）所示内部含有七个刚结点的有侧移刚架结构，AB、BC、CD、DE、EF、FG、GH 杆件属于剪力静定杆件。将结点 B、C、D、E、F、G、H 分成两组，轮流放松约束。其中不相邻的 B、D、F、H 结点为一组，C、E、G 结点为另一组。在经典多结点无剪力分配法的基础上，首次对结点 C、E、G 放松约束时，分别提前施加约束力矩增量 Δx、Δy、Δz，如图 3-15（c）所示。通过对两组结点轮流放松约束，完成单个循环的计算。令 Δx、Δy、Δz 分别等于结点 B、D、F、H 放松完成后，由传递弯矩在结点 C、E、G 产生的约束力矩，即 $\Delta x=M'_C=M''_{CB}+M''_{CD}$，$\Delta y=M'_E=M''_{ED}+M''_{EF}$，$\Delta z=M'_G=M''_{GF}+M''_{GH}$，如图 3-15（d）所示。其中，$M''_{CB}$、$M''_{CD}$、$M''_{ED}$、$M''_{EF}$、$M''_{GF}$、$M''_{GH}$ 为图 3-15（d）所示放松结点 B、

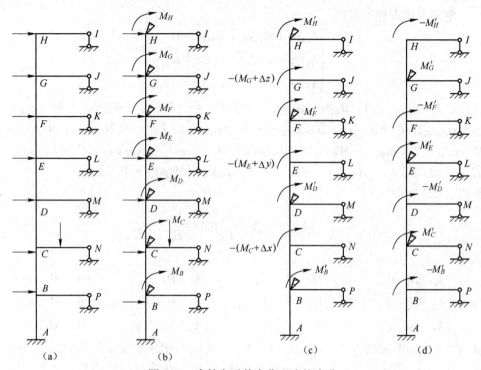

图 3-15   多结点无剪力分配法的改进

（内部含有七个结点）

D、F、H 时在 C、E、G 端产生的传递弯矩。此时结点 B、C、D、E、F、G、H 的约束力矩都等于零。证明如下：

（1）放松结点 B、D、F、H 时，分别施加力偶 $-M'_B$、$-M'_D$、$-M'_F$、$-M'_H$，其中 $M'_B = M_B + M'_{BC}$，$M'_D = M_D + M'_{DC} + M'_{DE}$，$M'_F = M_F + M'_{FE} + M'_{FG}$，$M'_H = M_H + M'_{HG}$。$M'_{BC}$、$M'_{DC}$、$M'_{DE}$、$M'_{FE}$、$M'_{FG}$、$M'_{HG}$ 为图 3-15（c）所示放松结点 C、E、G 时在结点 B、D、F、H 端产生的传递弯矩。放松后，结点 B 的约束力矩变为 $M'_B + (-M'_B) = 0$，结点 D 的约束力矩变为 $M'_D + (-M'_D) = 0$，结点 F 的约束力矩变为 $M'_F + (-M'_F) = 0$，结点 H 的约束力矩变为 $M'_H + (-M'_H) = 0$。

（2）放松结点 B、D、F、H 后，结点 C 的约束力矩变为 $M_C + [-(M_C + \Delta x)] + M'_C$，由于 $M'_C = M''_{CB} + M''_{CD} = \Delta x$，因此，$M_C + [-(M_C + \Delta x)] + M'_C = 0$，即结点 C 的约束力矩为零。

（3）放松结点 B、D、F、H 后，结点 E 的约束力矩变为 $M_E + [-(M_E + \Delta y)] + M'_E$，由于 $M'_E = M''_{ED} + M''_{EF} = \Delta y$，因此，$M_E + [-(M_E + \Delta y)] + M'_E = 0$，即结点 E 的约束力矩为零。

（4）放松结点 B、D、F、H 后，结点 G 的约束力矩变为 $M_G + [-(M_G + \Delta z)] + M'_G$，由于 $M'_G = M''_{GF} + M''_{GH} = \Delta z$，因此，$M_G + [-(M_G + \Delta z)] + M'_G = 0$，即

结点 G 的约束力矩为零。

　　结点 B、C、D、E、F、G、H 的约束力矩都等于零，这就是结构真实的状态。因此，经过一个循环后累加的变形和内力就是结构真实的变形和内力。可见经过一个循环，就快速得到了杆端弯矩的精确值。

3.2.6.2　约束力矩增量 Δx、Δy、Δz 的计算

　　图 3-15（c）所示放松结点 C、E、G，约束结点 B、D、F、H 状态（前半个循环），经过力矩的分配和传递，则有：

$$M'_{CB} = -(M_C + \Delta x)\mu_{CB}, \quad M'_{BC} = M'_{CB}C_{BC} = -(M_C + \Delta x)\mu_{CB}C_{BC}$$

$$M'_{CD} = -(M_C + \Delta x)\mu_{CD}, \quad M'_{DC} = M'_{CD}C_{CD} = -(M_C + \Delta x)\mu_{CD}C_{CD}$$

$$M'_{ED} = -(M_E + \Delta y)\mu_{ED}, \quad M'_{DE} = M'_{ED}C_{DE} = -(M_E + \Delta y)\mu_{ED}C_{DE}$$

$$M'_{EF} = -(M_E + \Delta y)\mu_{EF}, \quad M'_{FE} = M'_{EF}C_{EF} = -(M_E + \Delta y)\mu_{EF}C_{EF}$$

$$M'_{GF} = -(M_G + \Delta z)\mu_{GF}, \quad M'_{FG} = M'_{GF}C_{FG} = -(M_G + \Delta z)\mu_{GF}C_{FG}$$

$$M'_{GH} = -(M_G + \Delta z)\mu_{GH}, \quad M'_{HG} = M'_{GH}C_{GH} = -(M_G + \Delta z)\mu_{GH}C_{GH}$$

　　此时，结点 B 的约束力矩变为：

$$M'_B = M_B + M'_{BC} = M_B - (M_C + \Delta x)\mu_{CB}C_{BC}$$

　　结点 D 的约束力矩变为：

$$M'_D = M_D + M'_{DC} + M'_{DE} = M_D - (M_C + \Delta x)\mu_{CD}C_{CD} - (M_E + \Delta y)\mu_{ED}C_{DE}$$

　　结点 F 的约束力矩变为：

$$M'_F = M_F + M'_{FE} + M'_{FG} = M_F - (M_E + \Delta y)\mu_{EF}C_{EF} - (M_G + \Delta z)\mu_{GF}C_{FG}$$

　　结点 H 的约束力矩变为：

$$M'_H = M_H + M'_{HG} = M_H - (M_G + \Delta z)\mu_{GH}C_{GH}$$

　　图 3-15（d）所示放松结点 B、D、F、H，约束结点 C、E、G 状态（后半个循环），经过力矩的分配和传递，则有：

$$M''_{BC} = -M'_B\mu_{BC} = (M_C + \Delta x)\mu_{CB}\mu_{BC}C_{BC} - M_B\mu_{BC}$$

$$M''_{CB} = M''_{BC}C_{BC} = (M_C + \Delta x)\mu_{CB}\mu_{BC}C_{BC}^2 - M_B\mu_{BC}C_{BC}$$

$$M''_{DC} = -M'_D\mu_{DC} = (M_C + \Delta x)\mu_{CD}\mu_{DC}C_{CD} + (M_E + \Delta y)\mu_{ED}\mu_{DC}C_{DE} - M_D\mu_{DC}$$

$$M''_{CD} = M''_{DC}C_{CD} = (M_C + \Delta x)\mu_{CD}\mu_{DC}C_{CD}^2 + (M_E + \Delta y)\mu_{ED}\mu_{DC}C_{DE}C_{CD} - M_D\mu_{DC}C_{CD}$$

$$M''_{DE} = -M'_D\mu_{DE} = (M_C + \Delta x)\mu_{CD}\mu_{DE}C_{CD} + (M_E + \Delta y)\mu_{ED}\mu_{DE}C_{DE} - M_D\mu_{DE}$$

$$M''_{ED} = M''_{DE}C_{DE} = (M_C + \Delta x)\mu_{CD}\mu_{DE}C_{CD}C_{DE} + (M_E + \Delta y)\mu_{ED}\mu_{DE}C_{DE}^2 - M_D\mu_{DE}C_{DE}$$

$$M''_{FE} = -M'_F\mu_{FE} = (M_E + \Delta y)\mu_{EF}\mu_{FE}C_{EF} + (M_G + \Delta z)\mu_{GF}\mu_{FE}C_{FG} - M_F\mu_{FE}$$

$$M''_{EF} = M''_{FE}C_{EF} = (M_E + \Delta y)\mu_{EF}\mu_{FE}C_{EF}^2 + (M_G + \Delta z)\mu_{GF}\mu_{FE}C_{FG}C_{EF} - M_F\mu_{FE}C_{EF}$$

$$M''_{FG} = -M'_F\mu_{FG} = (M_E + \Delta y)\mu_{EF}\mu_{FG}C_{EF} + (M_G + \Delta z)\mu_{GF}\mu_{FG}C_{FG} - M_F\mu_{FG}$$

$$M''_{GF} = M''_{FG}C_{FG} = (M_E + \Delta y)\mu_{EF}\mu_{FG}C_{EF}C_{FG} + (M_G + \Delta z)\mu_{GF}\mu_{FG}C_{FG}^2 - M_F\mu_{FG}C_{FG}$$

$$M''_{HG} = -M'_H\mu_{HG} = (M_G + \Delta z)\mu_{GH}\mu_{HG}C_{GH} - M_H\mu_{HG}$$

$$M''_{GH} = M''_{HG}C_{GH} = (M_G + \Delta z)\mu_{GH}\mu_{HG}C_{GH}^2 - M_H\mu_{HG}C_{GH}$$

令 $\Delta x = M'_C = M''_{CB} + M''_{CD}$，$\Delta y = M'_E = M''_{ED} + M''_{EF}$，$\Delta z = M'_G = M''_{GF} + M''_{GH}$，建立关于 Δx、Δy、Δz 的方程组，即

$$
\begin{cases}
\Delta x = (M_C + \Delta x)\mu_{CB}\mu_{BC}C_{BC}^2 - M_B\mu_{BC}C_{BC} + (M_C + \Delta x)\mu_{CD}\mu_{DC}C_{CD}^2 + \\
\qquad (M_E + \Delta y)\mu_{ED}\mu_{DC}C_{DE}C_{CD} - M_D\mu_{DC}C_{CD} \\
\Delta y = (M_C + \Delta x)\mu_{CD}\mu_{DE}C_{CD}C_{DE} + (M_E + \Delta y)\mu_{ED}\mu_{DE}C_{DE}^2 - M_D\mu_{DE}C_{DE} + \\
\qquad (M_E + \Delta y)\mu_{EF}\mu_{FE}C_{EF}^2 + (M_G + \Delta z)\mu_{GF}\mu_{FE}C_{FG}C_{EF} - M_F\mu_{FE}C_{EF} \\
\Delta z = (M_E + \Delta y)\mu_{EF}\mu_{FG}C_{EF}C_{FG} + (M_G + \Delta z)\mu_{GF}\mu_{FG}C_{FG}^2 - M_F\mu_{FG}C_{FG} + \\
\qquad (M_G + \Delta z)\mu_{GH}\mu_{HG}C_{GH}^2 - M_H\mu_{HG}C_{GH}
\end{cases}
$$

由于 BC 杆、CD 杆、DE 杆、EF 杆、FG 杆、GH 杆为剪力静定杆件，将传递系数 $C_{BC} = C_{CD} = C_{DE} = C_{EF} = C_{FG} = C_{GH} = -1$，代入上式得到

$$
\begin{cases}
\Delta x = (M_C + \Delta x)\mu_{CB}\mu_{BC} + M_B\mu_{BC} + (M_C + \Delta x)\mu_{CD}\mu_{DC} + \\
\qquad (M_E + \Delta y)\mu_{ED}\mu_{DC} + M_D\mu_{DC} \\
\Delta y = (M_C + \Delta x)\mu_{CD}\mu_{DE} + (M_E + \Delta y)\mu_{ED}\mu_{DE} + M_D\mu_{DE} + \\
\qquad (M_E + \Delta y)\mu_{EF}\mu_{FE} + (M_G + \Delta z)\mu_{GF}\mu_{FE} + M_F\mu_{FE} \\
\Delta z = (M_E + \Delta y)\mu_{EF}\mu_{FG} + (M_G + \Delta z)\mu_{GF}\mu_{FG} + M_F\mu_{FG} + \\
\qquad (M_G + \Delta z)\mu_{GH}\mu_{HG} + M_H\mu_{HG}
\end{cases}
$$

整理上述方程组得到：

$$
\begin{cases}
A_1\Delta x + B_1\Delta y + C_1\Delta z = D_1 \\
A_2\Delta x + B_2\Delta y + C_2\Delta z = D_2 \\
A_3\Delta x + B_3\Delta y + C_3\Delta z = D_3
\end{cases}
$$

式中，$A_1 = \mu_{CB}\mu_{BC} + \mu_{CD}\mu_{DC} - 1$；$B_1 = \mu_{ED}\mu_{DC}$；$C_1 = 0$；$D_1 = -(M_C\mu_{CB} + M_B)\mu_{BC} - (M_C\mu_{CD} + M_E\mu_{ED} + M_D)\mu_{DC}$；$A_2 = \mu_{CD}\mu_{DE}$；$B_2 = \mu_{ED}\mu_{DE} + \mu_{EF}\mu_{FE} - 1$；$C_2 = \mu_{GF}\mu_{FE}$；$D_2 = -(M_C\mu_{CD} + M_E\mu_{ED} + M_D)\mu_{DE} - (M_E\mu_{EF} + M_G\mu_{GF} + M_F)\mu_{FE}$；$A_3 = 0$；$B_3 = \mu_{EF}\mu_{FG}$；$C_3 = \mu_{GF}\mu_{FG} + \mu_{GH}\mu_{HG} - 1$；$D_3 = -(M_E\mu_{EF} + M_G\mu_{GF} + M_F)\mu_{FG} - (M_G\mu_{GH} + M_H)\mu_{HG}$。

解得

$$
\Delta x = \frac{E_1}{E_0}，\quad \Delta y = \frac{E_2}{E_0}，\quad \Delta z = \frac{E_3}{E_0} \tag{3-8}
$$

式中

$$
E_0 = \begin{vmatrix} A_1 & B_1 & C_1 \\ A_2 & B_2 & C_2 \\ A_3 & B_3 & C_3 \end{vmatrix}；\quad E_1 = \begin{vmatrix} D_1 & B_1 & C_1 \\ D_2 & B_2 & C_2 \\ D_3 & B_3 & C_3 \end{vmatrix}
$$

$$E_2 = \begin{vmatrix} A_1 & D_1 & C_1 \\ A_2 & D_2 & C_2 \\ A_3 & D_3 & C_3 \end{vmatrix}; \quad E_3 = \begin{vmatrix} A_1 & B_1 & D_1 \\ A_2 & B_2 & D_2 \\ A_3 & B_3 & D_3 \end{vmatrix}$$

式（3-8）为内部结点 B、C、D、E、F、G、H 首尾不相连情况下、约束力矩增量 Δx、Δy、Δz 的计算公式。上述各式中，M_H 为约束状态下荷载作用产生的 H 结点约束力矩，等于 H 结点的固端弯矩之和；μ_{GH} 为 GH 杆在近端 G 的分配系数；μ_{HG} 为 GH 杆在近端 H 的分配系数。

3.3 有侧移杆件非剪力静定的一般有侧移结构

对有侧移杆件非剪力静定的一般有侧移结构，可通过技术处理，将其转化为一种形式上的无侧移结构。将第 2 章无侧移结构多结点力矩分配法的改进技术与相关理论推广到一般有侧移结构分析中，同样经过一个循环计算就快速得到多结点有侧移结构杆端弯矩的精确值。

3.3.1 计算原理

图 3-16（a）所示有侧移刚架，AB、CD 属于非剪力静定的有侧移杆件，不能采用 3.2 节介绍的无剪力分配法的改进技术进行求解，需要按一般有侧移结构进行分析。该结构在外部荷载作用下，内部 B、C 结点除了有角位移，还有水平方向的线位移，将该线位移记为 Δ_1。计算分析中，将未知线位移 Δ_1 看做一个广

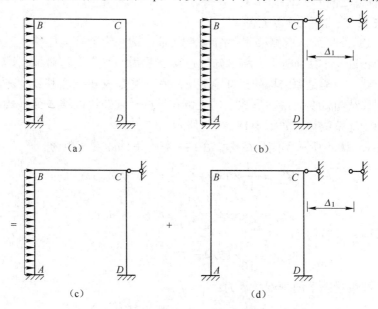

图 3-16 一般有侧移结构计算过程示意图

义的荷载，即结构上作用两类荷载：一类是原结构的已知荷载 q，另一类是未知线位移 Δ_1。这样原来的一般有侧移结构就变成一种形式上的无侧移结构，未知线位移 Δ_1 处理成了无侧移结构已知的支座位移。利用第 2 章改进的两结点力矩分配法可快速计算图 3-16（c）、图 3-16（d）所示两类荷载单独作用下的杆端弯矩，叠加对应的杆端弯矩得到两类荷载共同作用下的杆端弯矩。在杆端弯矩表达式中含有未知线位移 Δ_1，需要结合平衡条件计算 Δ_1。可将柱顶截面切断，取横梁为隔离体，如图 3-17 所示，根据水平方向的平衡条件 $F_{QBA}+F_{QCD}=0$，可建立未知线位移 Δ_1 的方程。求得 Δ_1 后回代到杆端弯矩表达式中，就可求得杆端弯矩的精确数值。

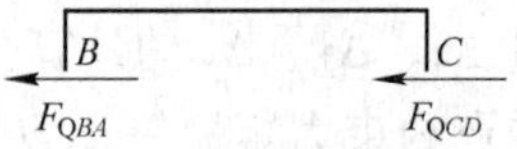

图 3-17 隔离体示意图

计算图 3-16（b）所示无侧移结构的杆端弯矩时，可分别计算图 3-16（c）、图 3-16（d）所示两类荷载单独作用下的杆端弯矩，然后叠加，该过程需要两次利用改进的多结点力矩分配法；也可以将两类荷载共同作用在一起直接按图 3-16（b）所示计算简图计算杆端弯矩，该过程只需一次利用改进的多结点力矩分配法。力矩分配法计算中，Δ_1 作为广义荷载对应的固端弯矩可根据等截面杆件的转角位移方程得到。

3.3.2 应用举例

例 3-3 图 3-18（a）所示有侧移刚架结构，计算杆端弯矩的精确值并作 M 图，i 为杆件之间的相对线刚度。

解法 1：按力矩分配法计算。

图 3-18（a）所示有侧移刚架结构，内部 B 结点除了有角位移，还有水平方向的线位移 Δ。计算分析中，将未知线位移 Δ 看做一个广义的荷载，即结构上作用两类荷载：一类是原结构的已知荷载 q，另一类是未知线位移 Δ。这样原来的一般有侧移结构就变成一种形式上的无侧移结构，未知线位移 Δ 处理成了无侧移结构已知的支座位移，如图 3-18（b）所示。

图 3-18（b）所示无侧移结构，在约束状态下的固端弯矩为：

$$M_{AB}^{F}=-\frac{1}{12}\times5\times4^2-6i\frac{\Delta}{4}=-6.67-1.5i\Delta$$

$$M_{BA}^{F}=\frac{1}{12}\times5\times4^2-6i\frac{\Delta}{4}=6.67-1.5i\Delta$$

$$M_{BC}^{F}=-\frac{3}{16}\times10\times4=-7.5$$

放松约束状态下的分配系数为：

$$\mu_{BA}=\frac{4i}{4i+3\times2i}=0.4,\ \mu_{BC}=\frac{3\times2i}{4i+3\times2i}=0.6$$

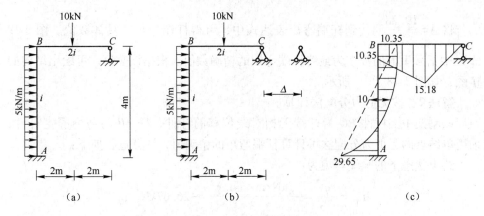

图 3-18 计算简图与 M 图（单位：kN·m）

放松约束状态下的传递系数为：$C_{BA} = 0.5$，$C_{BC} = 0$。

利用单结点的力矩分配法计算杆端弯矩精确值，计算过程如图 3-19（a）所示。双横线上的数据为杆端弯矩的计算值。

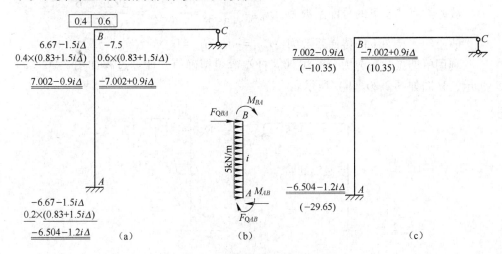

图 3-19 力矩分配法计算过程

图 3-19（b）所示 AB 杆的平衡条件，由

$$\sum M_A = 0 \quad F_{QBA} \times 4 + M_{BA} + M_{AB} + \frac{1}{2} \times 5 \times 4^2 = 0$$

得到

$$F_{QBA} = -\frac{1}{4}(M_{BA} + M_{AB} + 40)$$

根据该结构的平衡条件可知：$F_{QBA} = 0$

根据该条件可求得：

$$\Delta = \frac{19.28}{i}$$

将 $\Delta = \dfrac{19.28}{i}$ 回代到杆端弯矩表达式中，可得杆端弯矩的具体数值。图 3-19 (c) 中括号里面的数字为最终杆端弯矩的精确数值。根据该数值，可绘出结构的 M 图，如图 3-18 (c) 所示。

解法2：按无剪力分配法计算。

该刚架中的杆件 BC 为杆端无相对线位移的杆件，杆 AB 为剪力静定杆件，采用单结点的无剪力分配法可计算杆端弯矩的精确值，计算过程如下：

约束状态下的固端弯矩为：

$$M_{AB}^{F} = -\frac{ql^2}{3} = -\frac{5\text{kN/m} \times (4\text{m})^2}{3} = -26.67\text{kN} \cdot \text{m}$$

$$M_{BA}^{F} = -\frac{ql^2}{6} = -\frac{5\text{kN/m} \times (4\text{m})^2}{6} = -13.33\text{kN} \cdot \text{m}$$

$$M_{BC}^{F} = -\frac{3}{16} \times 10\text{kN} \times 4\text{m} = -7.5\text{kN} \cdot \text{m}$$

放松约束状态下的分配系数为：$\mu_{BA} = \dfrac{i}{i+3\times 2i} = \dfrac{1}{7}$，$\mu_{BC} = \dfrac{3\times 2i}{i+3\times 2i} = \dfrac{6}{7}$。

放松约束状态下的传递系数为：$C_{BA} = -1$，$C_{BC} = 0$。

利用单结点的无剪力分配法计算杆端弯矩精确值，计算过程如图 3-20 (a) 所示，M 图如图 3-20 (b) 所示。

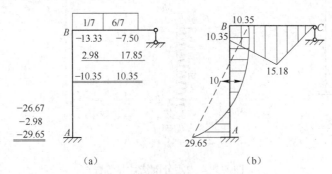

图 3-20 无剪力分配法计算过程与 M 图（单位：kN·m）

本题两种方法的结算结果是完全一样的，验证了本节介绍的一般有侧移结构计算方法是正确的。

例 3-4 图 3-21 (a) 所示有侧移刚架结构，计算杆端弯矩的精确值并作 M 图，i 为杆件之间的相对线刚度。

解：利用改进的多结点力矩分配法计算。

图 3-21 (a) 所示有侧移刚架结构，内部 B、C 结点除了有角位移，还有水平方向的线位移 Δ。计算分析中，将未知线位移 Δ 看做一个广义的荷载，即结构

上作用两类荷载：一类是原结构的已知荷载 q，另一类是未知线位移 Δ。这样原来的一般有侧移结构就变成一种形式上的无侧移结构，未知线位移 Δ 处理成了无侧移结构已知的支座位移，如图 3-21（b）所示。

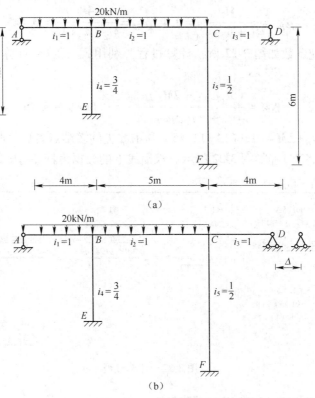

图 3-21　计算简图

图 3-21（b）所示无侧移结构，在约束状态下的固端弯矩为：

$$M_{BA}^{\mathrm{F}}=\frac{1}{8}\times20\times4^2=40\mathrm{kN\cdot m}$$

$$M_{BC}^{\mathrm{F}}=-\frac{1}{12}\times20\times5^2=-41.7\mathrm{kN\cdot m}$$

$$M_{CB}^{\mathrm{F}}=\frac{1}{12}\times20\times5^2=41.7\mathrm{kN\cdot m}$$

$$M_{BE}^{\mathrm{F}}=M_{EB}^{F}=-6\times i_4\times\frac{\Delta}{4}=-1.125\Delta$$

$$M_{CF}^{\mathrm{F}}=M_{FC}^{F}=-6\times i_5\times\frac{\Delta}{6}=-0.5\Delta$$

约束状态下在结点 B、C 上产生的约束力矩分别为：

$$M_B = M_{BA}^F + M_{BC}^F + M_{BE}^F = 40 - 41.7 - 1.125\Delta = -1.7 - 1.125\Delta$$

$$M_C = M_{CB}^F + M_{CF}^F = 41.7 - 0.5\Delta$$

放松约束状态下的分配系数为：

$$\mu_{BC} = \frac{4i_2}{4i_2 + 3i_1 + 4i_4} = 0.4, \quad \mu_{CB} = \frac{4i_2}{4i_2 + 3i_3 + 4i_5} = 0.445$$

其他分配系数如图 3-22 所示计算过程。利用式（2-1）计算约束力矩增量，得到

$$\Delta M = \frac{(M_B \mu_{BC} - 2M_C)\mu_{CB}}{4 - \mu_{BC}\mu_{CB}} = 0.064\Delta - 9.75$$

于是，$M_B + \Delta M = -1.061\Delta - 11.45$。利用改进的多结点力矩分配法计算杆端弯矩精确值，计算过程如图 3-22 所示。双横线上的数据为杆端弯矩的计算值。

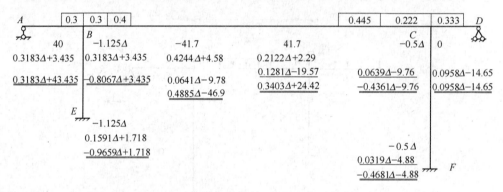

图 3-22　计算过程

图 3-23（a）所示 BE 杆的平衡条件，由

$$\sum M_E = 0 \quad F_{QBE} \times 4 + M_{BE} + M_{EB} = 0$$

得到

$$F_{QBE} = -\frac{1}{4}(M_{BE} + M_{EB}) = 0.4431\Delta - 1.288$$

图 3-23（b）所示 CF 杆的平衡条件，由

$$\sum M_F = 0 \quad F_{QCF} \times 6 + M_{CF} + M_{FC} = 0$$

得到

$$F_{QCF} = -\frac{1}{6}(M_{CF} + M_{FC}) = 0.1507\Delta + 2.44$$

图 3-23（c）所示横梁隔离体的平衡条件，由

$$\sum F_x = 0 \quad F_{QBE} + F_{QCF} = 0$$

可建立关于线位移 Δ 的基本方程。根据该方程求得 $\Delta = -1.94$。

将 $\Delta = -1.94$ 回代到杆端弯矩表达式中，可得杆端弯矩的具体数值。图 3-24 中括号里面的数字为最终杆端弯矩的精确数值。根据该数值，可绘出结构的 M

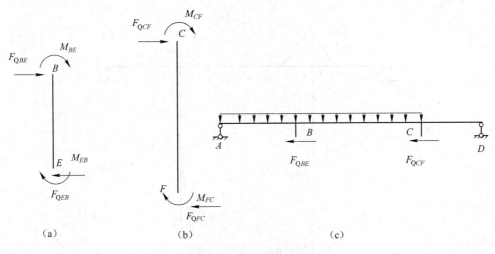

图 3-23　隔离体示意图

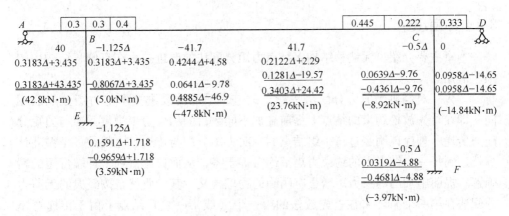

图 3-24　杆端弯矩计算结果

图（如图 3-25 所示）。

参考文献［3］采用位移法对本算例进行了杆端弯矩精确值的求解。基本未知量有三个，即 B 结点角位移 θ_B、C 结点角位移 θ_C 以及 B、C 结点水平方向的线位移 Δ。采用位移法分析需要建立、求解关于三个基本未知量的联立方程组，其计算过程比较复杂。例题中采用改进的多结点力矩分配法求解，只需建立、求解一个未知量的独立方程，且力矩分配法计算中仅通过一个循环计算就快速得到了杆端弯矩精确值，其计算过程比较简单，计算结果与参考文献［3］的计算结果完全相同。

本题两种方法的结算结果是完全一样的，再一次验证了本节介绍的一般有侧移结构计算方法是正确的。

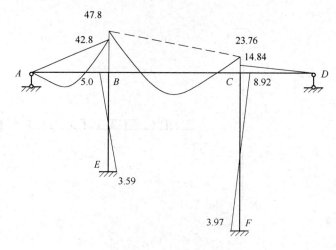

图 3-25　*M* 图（单位：kN·m）

3.4　本章小结

本章主要介绍了无侧移结构多结点力矩分配法的改进技术在有侧移结构中的推广应用。

首先，对经典无剪力分配法进行了改进，采取的改进技术与力矩分配法相同，即在首先放松约束的结点上提前施加不同数目的约束力矩增量并参与力矩分配与传递，理论证明经过每一组结点的一次力矩分配与传递、也就是一个循环计算就达到每一个结点上的约束力矩都绝对等于零，从而快速得到了杆端弯矩的精确解。提前施加的约束力矩增量有明确的物理含义，其实质就是按经典的无剪力分配法在第一个循环末在首先放松的第一个（或第一组）结点上由于传递弯矩产生的约束力矩。本章对有侧移杆件剪力静定的特殊有侧移结构，根据内部含有刚结点个数的不同，分别经过理论上的推导，给出了约束力矩增量的解析计算公式。

（1）有侧移杆件剪力静定的特殊有侧移结构，内部含有两个刚结点时，可提前施加一个约束力矩增量并参与力矩分配与传递，按式（3-1）或式（3-2）计算约束力矩增量。应用式（3-1）计算约束力矩增量 ΔM 时，*BC* 杆可以是有侧移的剪力静定杆件，也可以是无侧移杆件。而应用式（3-2）计算约束力矩增量 ΔM 时，*BC* 杆必须是有侧移的剪力静定杆件。

（2）有侧移杆件剪力静定的特殊有侧移结构，内部含有三个刚结点时，可提前施加一个约束力矩增量并参与力矩分配与传递，按式（3-3）或式（3-4）计算约束力矩增量。应用式（3-3）计算约束力矩增量 ΔM 时，*BC* 杆、*CD* 杆可以是有侧移的剪力静定杆件，也可以是无侧移杆件。而应用式（3-4）计算约束力

矩增量 ΔM 时，*BC* 杆、*CD* 杆必须是有侧移的剪力静定杆件。

（3）有侧移杆件剪力静定的特殊有侧移结构，当内部含有四个刚结点时，提前施加两个约束力矩增量并参与力矩分配与传递。内部结点组成开口图形时，按式（3-5）计算约束力矩增量。如果内部结点首尾相连、组成一个封闭图形，有侧移杆不会全是剪力静定，不能直接采用无剪力分配法。应用式（3-5）计算约束力矩增量 Δx、Δy 时，*BC* 杆、*CD* 杆、*DE* 杆必须为剪力静定杆件。如果 *BC* 杆、*CD* 杆、*DE* 杆部分为剪力静定杆件、部分为无侧移杆件时，应根据传递系数的不同，另解相应的方程组得到约束力矩增量 Δx、Δy。

（4）有侧移杆件剪力静定的特殊有侧移结构，当内部含有五个刚结点时，提前施加两个约束力矩增量并参与力矩分配与传递。内部结点组成开口图形时，按式（3-6）计算约束力矩增量；如果内部结点首尾相连、组成一个封闭图形，有侧移杆不会全是剪力静定，不能直接采用无剪力分配法。应用式（3-6）计算约束力矩增量 Δx、Δy 时，*BC* 杆、*CD* 杆、*DE* 杆、*EF* 杆必须为剪力静定杆件。如果 *BC* 杆、*CD* 杆、*DE* 杆、*EF* 杆部分为剪力静定杆件、部分为无侧移杆件时，应根据传递系数的不同，另解相应的方程组得到约束力矩增量 Δx、Δy。

（5）有侧移杆件剪力静定的特殊有侧移结构，内部含有六个刚结点时，提前施加三个约束力矩增量并参与力矩分配与传递。内部结点组成开口图形时，按式（3-7）计算约束力矩增量。如果内部结点首尾相连、组成一个封闭图形，有侧移杆不会全是剪力静定，不能直接采用无剪力分配法。应用式（3-7）计算约束力矩增量 Δx、Δy、Δz 时，*BC* 杆、*CD* 杆、*DE* 杆、*EF* 杆、*FG* 杆必须为剪力静定杆件。如果 *BC* 杆、*CD* 杆、*DE* 杆、*EF* 杆、*FG* 杆部分为剪力静定杆件、部分为无侧移杆件时，应根据传递系数的不同，另解相应的方程组得到约束力矩增量 Δx、Δy、Δz。

（6）有侧移杆件剪力静定的特殊有侧移结构，内部含有七个刚结点时，提前施加三个约束力矩增量并参与力矩分配与传递。内部结点组成开口图形时，按式（3-7）计算约束力矩增量。如果内部结点首尾相连、组成一个封闭图形，有侧移杆不会全是剪力静定，不能直接采用无剪力分配法。应用式（3-8）计算约束力矩增量 Δx、Δy、Δz 时，*BC* 杆、*CD* 杆、*DE* 杆、*EF* 杆、*FG* 杆、*GH* 杆必须为剪力静定杆件。如果 *BC* 杆、*CD* 杆、*DE* 杆、*EF* 杆、*FG* 杆、*GH* 杆部分为剪力静定杆件、部分为无侧移杆件时，应根据传递系数的不同，另解相应的方程组得到约束力矩增量 Δx、Δy、Δz。

例如，图 3-26（a）所示单跨对称多层刚架结构，在反对称荷载作用下，半边结构如图 3-26（b）所示。计算半边结构时，可采用本章介绍的改进的多结点无剪力分配法，通过单个循环计算快速得到杆端弯矩精确值。根据内部结点个数的不同，可按式（3-1）～式（3-8）直接计算施加的约束力矩增量大小。

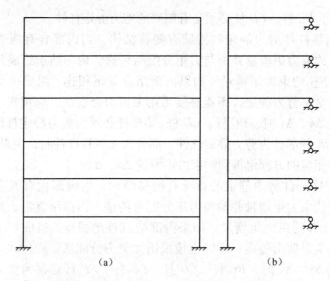

图 3-26 单跨多层对称刚架与反对称荷载作用下的半边结构示意图

图 3-27 所示刚架结构有侧移杆满足剪力静定，可采用本章介绍的改进的多结点无剪力分配法，通过单个循环计算快速得到杆端弯矩精确值。但不能直接按式（3-1）～式（3-8）直接计算施加的约束力矩增量大小，应根据杆件传递系数的不同，另解相应的方程组得到约束力矩增量。

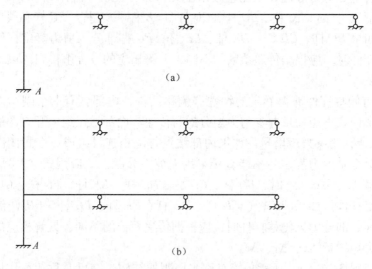

图 3-27 有侧移杆剪力静定的刚架结构

本章介绍的改进技术，关于转动刚度、分配系数、传递系数的计算公式以及解题思路与经典的多结点无剪力分配法保持不变，无需另行推导，只需按照本章给出的公式计算约束力矩增量并参与力矩分配与传递，通过一个循环计算就可快速得到杆端弯矩精确值，既提高了计算速度，又保证了计算精度。

然后，对有侧移杆件非剪力静定的一般有侧移结构，通过技术处理，将有侧移结构转化为一种形式上的无侧移结构。采取的技术方法就是将未知的结点线位移看做是广义荷载，也就是相当于已知的支座位移。将第 2 章无侧移结构多结点力矩分配法的改进技术与相关理论推广到一般有侧移结构分析中，同样经过一个循环计算就快速得到多结点有侧移结构杆端弯矩的精确值。但有侧移结构计算中需要建立、求解关于未知的结点线位移的方程，具体问题中应根据平衡条件建立方程。

第4章 支座位移与温度改变下的计算

前面介绍了多结点力矩分配法的改进技术在无侧移结构与有侧移结构中的推广应用，涉及的荷载为一般外力。本章将介绍支座位移与温度改变作用下的超静定结构内力计算，在计算方法上仍然采用多结点力矩分配法的改进技术，通过一个计算循环快速得到杆端弯矩精确值。

4.1 支座位移下的计算

4.1.1 计算原理

将支座位移看做广义的荷载，其计算原理与计算步骤与一般外力作用下的计算是完全相同的。力矩分配法计算过程中，第一步约束状态下的主要任务就是得到荷载作用下杆件的固端弯矩，并进一步得到结点上由于施加阻止结点转动的约束而产生的约束力矩。一般外力作用时，可直接查表 1-1 得到固端弯矩，这里将支座位移看做广义的荷载，如何得到对应的固端弯矩是需要解决的关键问题。只要知道了固端弯矩，根据固端弯矩就可得到结点在约束状态下的约束力矩，然后进入第二步放松约束状态进行力矩的分配与传递，最后将两种状态对应的杆端弯矩叠加就是最终的杆端弯矩。

图 4-1 所示等截面杆件 AB 的端部杆端弯矩与杆端位移之间的关系可由转角位移方程得到描述，即

$$\begin{cases} M_{AB} = 4i\theta_A + 2i\theta_B - 6i\dfrac{\Delta}{l} \\ M_{BA} = 2i\theta_A + 4i\theta_B - 6i\dfrac{\Delta}{l} \end{cases}$$

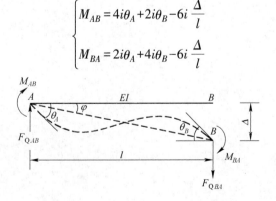

图 4-1 杆端内力与杆端位移示意图

式中，M_{AB} 和 M_{BA} 为杆端弯矩；θ_A 与 θ_B 为杆端角位移；Δ 为垂直于杆轴线方向的相对线位移。杆端弯矩 M_{AB} 和 M_{BA} 以顺时针转向为正，逆时针为负；杆端角位移 θ_A 与 θ_B 以顺时针为正，逆时针为负；相对线位移 Δ 则以使整个杆件顺时针转动为正，反之为负。

力矩分配法约束状态下（内部结点施加约束阻止结点的转动），由外部支座位移（包括支座移动与支座转动）在杆件上产生的固端弯矩可由等截面杆件的转角位移方程得到。外部支座位移相当于在约束状态下，某些杆件的远端支座处截面有了已知的杆端位移。表 4-1 给出单位支座位移在杆件上产生的固端弯矩与固端剪力。$i = \dfrac{EI}{L}$ 为杆件的线刚度，EI 为杆件的抗弯刚度，L 为杆件的长度。

在具体问题中还会遇到以下两种情况，关于其固端弯矩的计算说明如下：

（1）遇到图 4-2 所示的计算简图时，可查表 4-1 中编号 1~2 工况对应的固端弯矩。

（2）遇到图 4-3 所示的计算简图时，可查表 4-1 中编号 3~4 工况对应的固端弯矩。

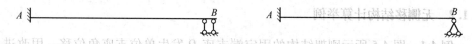

图 4-2 远端为滑动支座（滑动端剪力不为零）　　　图 4-3 远端为固定铰支座

表 4-1 支座位移产生的固端弯矩与固端剪力

编号	计算简图	固端弯矩		固端剪力	
		M_{AB}	M_{BA}	F_{QAB}	F_{QBA}
1	$\theta_A=1$	$4i$	$2i$	$-\dfrac{6i}{l}$	$-\dfrac{6i}{l}$
2	$\Delta=1$	$-\dfrac{6i}{l}$	$-\dfrac{6i}{l}$	$\dfrac{12i}{l^2}$	$\dfrac{12i}{l^2}$
3	$\theta_A=1$	$3i$	0	$-\dfrac{3i}{l}$	$-\dfrac{3i}{l}$
4	$\Delta=1$	$-\dfrac{3i}{l}$	0	$\dfrac{3i}{l^2}$	$\dfrac{3i}{l^2}$
5	$\theta_A=1$	i	$-i$	0	0

将支座位移（包括支座移动与支座转动）看做广义荷载后，如何根据计算简图判断一个结构为无侧移结构还是有侧移结构？在这一点上，读者往往受支座移动的困惑，看到支座移动的存在就把结构看做是有侧移结构，这是不对的。判断结构类型时不受荷载的影响。

例如，将水平支座移动看做广义荷载后，图4-4（a）所示结构属于无侧移结构，图4-4（b）所示结构属于有侧移结构。

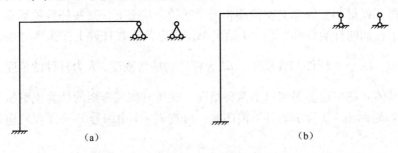

图4-4　支座位移作用下的结构类型示意图

4.1.2　无侧移结构计算举例

例4-1　图4-5所示刚架结构的固定端支座 D 发生单位支座角位移，用改进的多结点力矩分配法计算杆端弯矩的精确值并作 M 图，i 为杆件的线刚度。

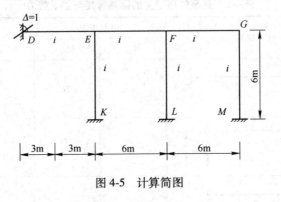

图4-5　计算简图

解：将支座角位移 $\Delta=1$ 看做广义荷载，本题属于内部含有三个刚结点的无侧移结构。利用第2章介绍的改进的多结点力矩分配法，首先在 F 结点施加约束力矩增量并参与力矩分配与传递，通过一个循环计算可快速得到杆端弯矩精确值，计算过程如下：

对 E、F、G 施加约束，建立约束状态。$\Delta=1$ 作用下，固端弯矩可由转角位移方程或查表4-1得到，$M_{DE}^{F}=4i$，$M_{ED}^{F}=2i$，其他杆上无固端弯矩。

结点 E、F、G 产生的约束力矩分别为：

$$M_E = M_{ED}^F = 2i \ , \quad M_F = 0 \ , \quad M_G = 0$$

分配系数为:

$$\mu_{EF} = \frac{4i}{4i+4i+4i} = \frac{1}{3}, \quad \mu_{FE} = \frac{4i}{4i+4i+4i} = \frac{1}{3}, \quad \mu_{FG} = \frac{4i}{4i+4i+4i} = \frac{1}{3}, \quad \mu_{GF} = \frac{4i}{4i+4i} = \frac{1}{2}$$

其他分配系数如图 4-6 所示。

代入式（2-2）计算约束力矩增量，得到

$$\Delta M = \frac{(M_F \mu_{FE} - 2M_E)\mu_{EF} + (M_F \mu_{FG} - 2M_G)\mu_{GF}}{4 - \mu_{FE}\mu_{EF} - \mu_{FG}\mu_{GF}} = -0.36i$$

则

$$M_F + \Delta M = -0.36i$$

首先在结点 F，对 $-(M_F + \Delta M)$ 进行力矩分配与传递（前半个循环），然后在结点 E、G 进行力矩分配与传递（后半个循环），完成一个循环的计算。计算过程如图 4-6 所示，双横线上的数据为杆端弯矩的计算精确值，M 图如图 4-7 所示。

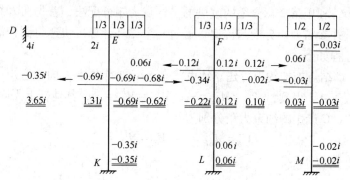

图 4-6 计算过程

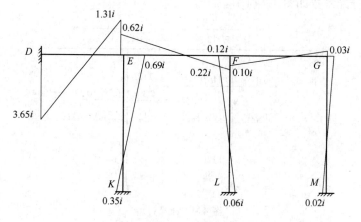

图 4-7 M 图

例 4-2　图 4-8 所示刚架结构的固定端支座 D 发生单位支座水平位移，用改进的多结点力矩分配法计算杆端弯矩的精确值并作 M 图，i 为杆件的线刚度。

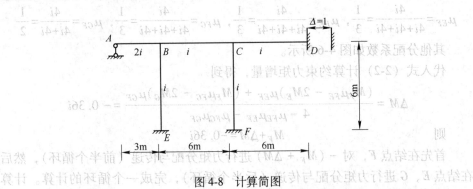

图 4-8　计算简图

解： 将支座水平位移 $\Delta = 1$ 看做广义荷载，本题属于内部含有两个刚结点的无侧移结构。利用第 2 章介绍的改进的多结点力矩分配法，首先在 B 结点施加约束力矩增量并参与力矩分配与传递，通过一个循环计算可快速得到杆端弯矩精确值，计算过程如下：

对 B、C 结点施加约束，建立约束状态。$\Delta = 1$ 作用下，固端弯矩可由转角位移方程或查表 4-1 得到，$M_{BE}^{F} = M_{EB}^{F} = -i$，$M_{CF}^{F} = M_{FC}^{F} = -i$，其他杆上无固端弯矩。

结点 B、C 产生的约束力矩分别为：

$$M_B = M_{BE}^{F} = -i, \quad M_C = M_{CF}^{F} = -i$$

分配系数为：

$$\mu_{BC} = \frac{4i}{3 \times 2i + 4i + 4i} = \frac{2}{7}, \quad \mu_{CB} = \frac{4i}{4i + 4i + 4i} = \frac{1}{3}$$

其他分配系数如图 4-9 所示。

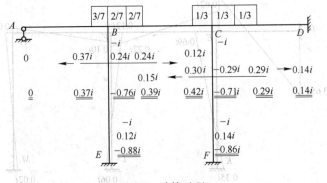

图 4-9　计算过程

代入式（2-1）计算约束力矩增量，得到

$$\Delta M = \frac{(M_B\mu_{BC} - 2M_C)\mu_{CB}}{4 - \mu_{BC}\mu_{CB}} = 0.15i$$

则 $$M_B + \Delta M = -0.85i$$

首先在结点 B，对 $-(M_B + \Delta M)$ 进行力矩分配与传递，然后在结点 C 进行力矩分配与传递，完成一个循环的计算。计算过程如图 4-9 所示，双横线上的数据为杆端弯矩的计算精确值，M 图如图 4-10 所示。

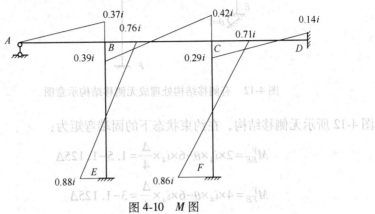

图 4-10 M 图

4.1.3 有侧移结构计算举例

例 4-3 图 4-11 所示刚架结构的固定端支座 E 发生顺时针单位支座角位移，用改进的多结点力矩分配法计算杆端弯矩的精确值并作 M 图，i 为杆件的线刚度。

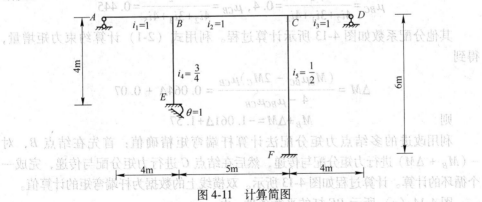

图 4-11 计算简图

解：图 4-11 所示有侧移刚架结构，内部 B、C 结点除了有角位移，还有水平方向的线位移 Δ。计算分析中，将未知线位移 Δ 看做一个广义的荷载，即结构上作用两类荷载：一类是原结构的已知荷载 $\theta = 1$，另一类是未知线位移 Δ。这样原来的一般有侧移结构就变成一种形式上的无侧移结构，未知线位移 Δ 处理成了无侧移结构已知的支座位移，如图 4-12 所示。

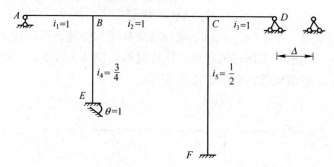

图 4-12 有侧移结构处理成无侧移结构示意图

图 4-12 所示无侧移结构，在约束状态下的固端弯矩为：

$$M_{BE}^F = 2 \times i_4 \times \theta - 6 \times i_4 \times \frac{\Delta}{4} = 1.5 - 1.125\Delta$$

$$M_{EB}^F = 4 \times i_4 \times \theta - 6 \times i_4 \times \frac{\Delta}{4} = 3 - 1.125\Delta$$

$$M_{CF}^F = M_{FC}^F = -6 \times i_5 \times \frac{\Delta}{6} = -0.5\Delta$$

约束状态下在结点 B、C 上产生的约束力矩分别为：

$$M_B = M_{BE}^F = 1.5 - 1.125\Delta, \quad M_C = M_{CF}^F = -0.5\Delta$$

放松约束状态下的分配系数为：

$$\mu_{BC} = \frac{4i_2}{4i_2 + 3i_1 + 4i_4} = 0.4, \quad \mu_{CB} = \frac{4i_2}{4i_2 + 3i_3 + 4i_5} = 0.445$$

其他分配系数如图 4-13 所示计算过程。利用式（2-1）计算约束力矩增量，得到

$$\Delta M = \frac{(M_B \mu_{BC} - 2M_C)\mu_{CB}}{4 - \mu_{BC}\mu_{CB}} = 0.064\Delta + 0.07$$

则 $$M_B + \Delta M = -1.061\Delta + 1.57$$

利用改进的多结点力矩分配法计算杆端弯矩精确值：首先在结点 B，对 $-(M_B + \Delta M)$ 进行力矩分配与传递，然后在结点 C 进行力矩分配与传递，完成一个循环的计算。计算过程如图 4-13 所示。双横线上的数据为杆端弯矩的计算值。

图 4-14（a）所示 BE 杆的平衡条件，由

$$\sum M_E = 0 \quad F_{QBE} \times 4 + M_{BE} + M_{EB} = 0$$

得到 $$F_{QBE} = -\frac{1}{4}(M_{BE} + M_{EB}) = 0.4431\Delta - 0.9485$$

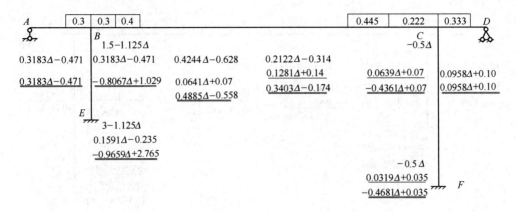

图 4-13 计算过程

图 4-14（b）所示 CF 杆的平衡条件，由

$$\sum M_F = 0 \quad F_{QCF} \times 6 + M_{CF} + M_{FC} = 0$$

得到 $\quad F_{QCF} = -\dfrac{1}{6}(M_{CF} + M_{FC}) = 0.1507\Delta - 0.0175$

图 4-14（c）所示横梁隔离体的平衡条件，由 $\sum F_x = 0$，$F_{QBE} + F_{QCF} = 0$，可建立关于线位移 Δ 的基本方程，根据该方程求得 $\Delta = 1.63$。

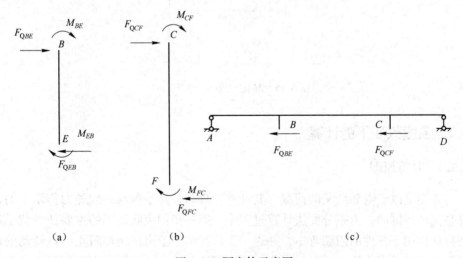

图 4-14 隔离体示意图

将 $\Delta = 1.63$ 回代到杆端弯矩表达式中，可得杆端弯矩的具体数值。图 4-15 中括号里面的数字为最终杆端弯矩的精确数值。根据该数值，可绘出结构的 M 图（如图 4-16 所示）。

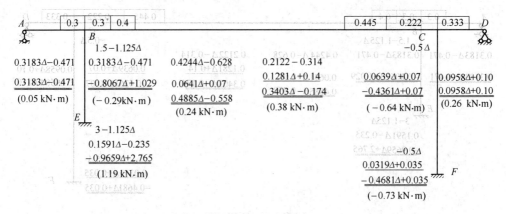

图 4-15 杆端弯矩计算结果

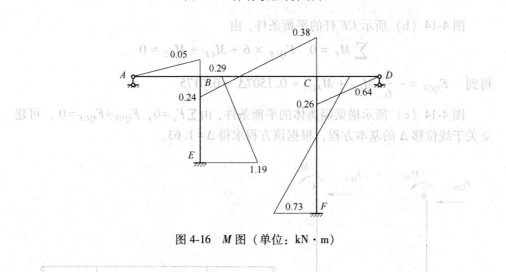

图 4-16 M 图（单位：kN·m）

4.2 温度改变下的计算

4.2.1 计算原理

将温度改变看做广义的荷载，其计算原理与计算步骤与一般外力作用下的计算是完全相同的。力矩分配法计算过程中，第一步约束状态下的主要任务就是得到荷载作用下杆件的固端弯矩，并进一步得到结点上由于施加阻止结点转动的约束而产生的约束力矩。一般外力作用时，可直接查表 1-1 得到固端弯矩，这里将温度改变看做广义的荷载，如何得到对应的固端弯矩是需要解决的关键问题。只要固端弯矩知道了，根据固端弯矩就可得到结点在约束状态下的约束力矩，然后进入第二步放松约束状态进行力矩的分配与传递，最后将两种状态对应的杆端弯矩叠加就是最终的杆端弯矩。

图 4-17（a）所示刚架结构，外侧温度升高了 $+t_1℃$、内侧温度升高了 $+t_2℃$，杆件内外侧存在温差 Δt，杆件形心处存在温度改变 t_0。设材料的温度线膨胀系数为 α，杆件为均质矩形截面，则有 $\Delta t = |t_2 - t_1|$，$t_0 = \dfrac{t_1 + t_2}{2}$，以下分析中设温度升高为正，温度降低为负。

对内部 B 结点施加阻止转动的约束，建立约束状态，如图 4-17（b）所示。约束状态下每根杆件的固端弯矩由两项相加得到。第一项为杆件自身内外侧温差产生的固端弯矩，可查表 1-1 得到；第二项为由于相邻杆件轴向伸长或缩短而产生的附加固端弯矩。这一项是因为相邻杆件轴向变形对杆件造成垂直于杆轴线方向存在相对线位移而产生附加固端弯矩，可由等截面杆件的转角位移方程或查表 4-1 得到。例如，约束状态下，AB 杆要轴向伸长 $\alpha t_0 l_{AB}$，BC 杆要轴向伸长 $\alpha t_0 l_{BC}$，AB 杆轴向伸长对 BC 杆产生相对侧移 $\Delta_{BC} = \alpha t_0 l_{AB}$，$BC$ 杆轴向伸长对 AB 杆产生相对侧移 $\Delta_{AB} = -\alpha t_0 l_{BC}$，$l_{AB}$、$l_{BC}$ 分别为 AB 杆、BC 杆的长度。由等截面杆件的转角位移方程或查表 4-1 得到 AB 杆、BC 杆第二项附加的固端弯矩分别为：

$$M_{AB}^{\mathrm{F}} = M_{BA}^{\mathrm{F}} = -6i_{AB}\frac{\Delta_{AB}}{l_{AB}}, \quad M_{BC}^{\mathrm{F}} = -3i_{BC}\frac{\Delta_{BC}}{l_{BC}}。$$

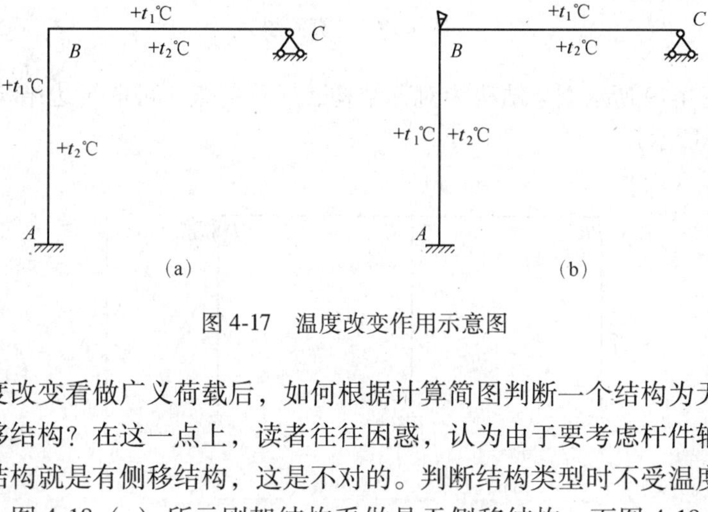

图 4-17　温度改变作用示意图

将温度改变看做广义荷载后，如何根据计算简图判断一个结构为无侧移结构还是有侧移结构？在这一点上，读者往往困惑，认为由于要考虑杆件轴向的伸长或缩短，结构就是有侧移结构，这是不对的。判断结构类型时不受温度荷载的影响。例如，图 4-18（a）所示刚架结构看做是无侧移结构，而图 4-18（b）所示刚架结构应看做是有侧移结构。

4.2.2　无侧移结构计算举例

例 4-4　图 4-19 所示刚架结构，外侧温度降低 30℃，内侧温度升高 10℃，各杆均采用矩形截面，截面尺寸相同，设材料的温度线膨胀系数为 α，截面横截面高度 $h = 40\mathrm{cm}$，用改进的多结点力矩分配法计算杆端弯矩的精确值并作 M 图。

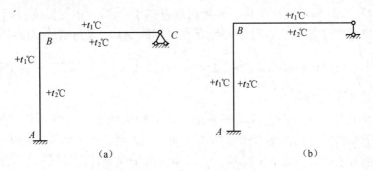

图4-18 温度改变作用下的结构类型示意图

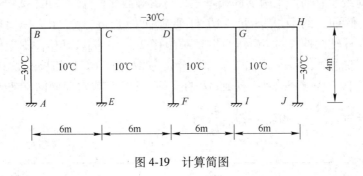

图4-19 计算简图

解：图4-19所示刚架结构为对称结构、对称荷载，可取半边结构进行计算（如图4-20所示）。

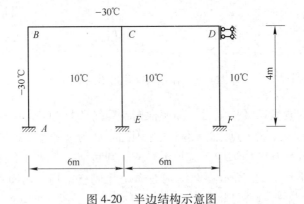

图4-20 半边结构示意图

图4-20所示半边结构，由于 D 结点的角位移 $\theta_D = 0$，该结构可看做内部有两个刚结点参与力矩分配的无侧移结构。以下采用改进的多结点力矩分配法进行杆端弯矩精确值的求解，设各杆的抗弯刚度均为 EI，横截面高度为 h。

对 B 结点、C 结点施加阻止转动的约束，建立约束状态。

各杆由于内外侧温差产生的固端弯矩（第一项）分别为：

$$M_{AB}^{\mathrm{F}} = -\frac{40EI\alpha}{h}, \quad M_{BA}^{\mathrm{F}} = \frac{40EI\alpha}{h}$$

$$M_{BC}^{\mathrm{F}} = -\frac{40EI\alpha}{h}, \quad M_{CB}^{\mathrm{F}} = \frac{40EI\alpha}{h}$$

$$M_{CD}^{\mathrm{F}} = -\frac{40EI\alpha}{h}, \quad M_{DC}^{\mathrm{F}} = \frac{40EI\alpha}{h}$$

$$M_{CE}^{\mathrm{F}} = M_{EC}^{\mathrm{F}} = 0$$

$$M_{DF}^{\mathrm{F}} = M_{FD}^{\mathrm{F}} = 0$$

AB 杆缩短 40α，CE 杆伸长 40α，DF 杆伸长 40α，CD 杆缩短 60α，BD 杆缩短 120α。

各杆的相对线位移分别为：

$$\Delta_{AB} = 120\alpha, \quad \Delta_{CE} = 60\alpha, \quad \Delta_{DF} = 0, \quad \Delta_{BC} = -80\alpha, \quad \Delta_{CD} = 0$$

各杆由于相邻杆轴向变形产生的附加固端弯矩（第二项）分别为：

$$M_{AB}^{\mathrm{F}} = M_{BA}^{\mathrm{F}} = -6i_{AB}\frac{\Delta_{AB}}{L_{AB}} = -45EI\alpha$$

$$M_{CE}^{\mathrm{F}} = M_{EC}^{\mathrm{F}} = -6i_{CE}\frac{\Delta_{CE}}{L_{CE}} = -22.5EI\alpha$$

$$M_{DF}^{\mathrm{F}} = M_{FD}^{\mathrm{F}} = 0$$

$$M_{BC}^{\mathrm{F}} = M_{CB}^{\mathrm{F}} = -6i_{BC}\frac{\Delta_{BC}}{L_{BC}} = 30EI\alpha$$

$$M_{CD}^{\mathrm{F}} = M_{DC}^{\mathrm{F}} = 0$$

各杆固端弯矩两项相加得到：

$$M_{AB}^{\mathrm{F}} = -145EI\alpha, \quad M_{BA}^{\mathrm{F}} = 55EI\alpha$$

$$M_{BC}^{\mathrm{F}} = -70EI\alpha, \quad M_{CB}^{\mathrm{F}} = 135EI\alpha$$

$$M_{CD}^{\mathrm{F}} = -100EI\alpha, \quad M_{DC}^{\mathrm{F}} = 100EI\alpha$$

$$M_{CE}^{\mathrm{F}} = M_{EC}^{\mathrm{F}} = -22.5EI\alpha, \quad M_{DF}^{\mathrm{F}} = M_{FD}^{\mathrm{F}} = 0$$

约束状态下，B、C 结点上的约束力矩分别为：

$$M_B = M_{BA}^{\mathrm{F}} + M_{BC}^{\mathrm{F}} = -15EI\alpha$$

$$M_C = M_{CB}^{\mathrm{F}} + M_{CD}^{\mathrm{F}} + M_{CE}^{\mathrm{F}} = 12.5EI\alpha$$

分配系数为：

$$\mu_{BC} = \frac{4i_{BC}}{4i_{BC} + 4i_{BA}} = 0.4, \quad \mu_{CB} = \frac{4i_{CB}}{4i_{CB} + 4i_{CD} + 4i_{CE}} = 0.286$$

其他分配系数如图 4-21 所示。

代入式（2-1）计算约束力矩增量，得到

$$\Delta M = \frac{(M_B\mu_{BC} - 2M_C)\mu_{CB}}{4 - \mu_{BC}\mu_{CB}} = -2.28EI\alpha$$

则 $$M_B + \Delta M = -17.28EI\alpha$$

首先在结点 B，对 $-(M_B + \Delta M)$ 进行力矩分配与传递，然后在结点 C 进行力矩分配与传递，完成一个循环的计算。计算过程如图 4-21 所示，双横线上的数据为杆端弯矩的计算精确值，M 图如图 4-22 所示。

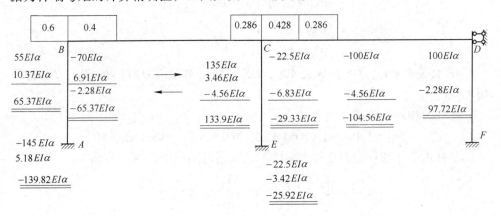

图 4-21 半边结构计算过程

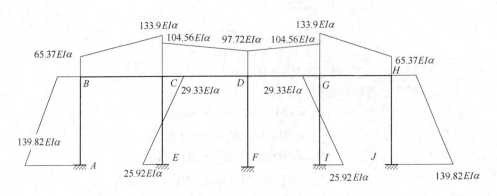

图 4-22 M 图

4.2.3 有侧移结构计算举例

例 4-5 图 4-23 所示刚架结构，内外侧温度均匀升高 10℃，各杆均采用矩形截面，截面尺寸相同，设材料的温度线膨胀系数为 α，截面高度为 h，用改进的多结点力矩分配法计算杆端弯矩的精确值并作 M 图。

解：图 4-23 所示有侧移刚架结构，内部 B、C 结点除了有角位移，还有水平

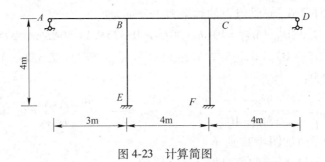

图 4-23　计算简图

方向的线位移 Δ。计算分析中，将未知线位移 Δ 看做一个广义的荷载，即结构上作用两类荷载：一类是原结构已知的温度改变 10℃，另一类是未知线位移 Δ。这样原来的一般有侧移结构就变成一种形式上的无侧移结构，未知线位移 Δ 处理成了无侧移结构已知的支座位移（如图 4-24 所示）。

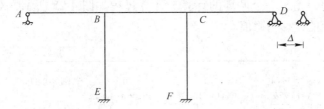

图 4-24　有侧移结构处理成无侧移结构示意图

对 B 结点、C 结点施加阻止转动的约束，建立约束状态。

内外侧温度均匀升高 10℃，各杆由于内外侧温差产生的固端弯矩（第一项）均为零。

EB 杆伸长 40α，CF 杆伸长 40α，CD 杆伸长 40α，BD 杆伸长 80α。

各杆的相对线位移分别为：

$$\Delta_{BE} = -80\alpha, \quad \Delta_{CF} = -40\alpha, \quad \Delta_{BA} = -40\alpha, \quad \Delta_{BC} = 0, \quad \Delta_{CD} = 40\alpha$$

各杆由于相邻杆轴向变形产生的附加固端弯矩分别为：

$$M_{BA}^{\text{F}} = 3\frac{EI}{3}\frac{40\alpha}{4} = 10EI\alpha$$

$$M_{CD}^{\text{F}} = -3\frac{EI}{4}\frac{40\alpha}{4} = -7.5EI\alpha$$

$$M_{BC}^{\text{F}} = M_{CB}^{\text{F}} = 0$$

$$M_{BE}^{\text{F}} = M_{EB}^{\text{F}} = -6\frac{EI}{4}\frac{-80\alpha + \Delta}{4} = 30EI\alpha - 0.375EI\Delta$$

$$M_{CF}^{\text{F}} = M_{FC}^{\text{F}} = -6\frac{EI}{4}\frac{-40\alpha + \Delta}{4} = 15EI\alpha - 0.375EI\Delta$$

约束状态下，B、C 结点上的约束力矩分别为：

$$M_B = M_{BA}^F + M_{BC}^F + M_{BE}^F = 10EI\alpha + 30EI\alpha - 0.375EI\Delta = 40EI\alpha - 0.375EI\Delta$$

$$M_C = M_{CD}^F + M_{CB}^F + M_{CF}^F = -7.5EI\alpha + 15EI\alpha - 0.375EI\Delta = 7.5EI\alpha - 0.375EI\Delta$$

分配系数为：

$$\mu_{BC} = \frac{4i_{BC}}{4i_{BC} + 3i_{BA} + 4i_{BE}} = 0.333, \quad \mu_{CB} = \frac{4i_{BC}}{4i_{BC} + 3i_{CD} + 4i_{CF}} = 0.364$$

其他分配系数如图 4-25 所示。

代入式（2-1）计算约束力矩增量，得到

$$\Delta M = \frac{(M_B\mu_{BC} - 2M_C)\mu_{CB}}{4 - \mu_{BC}\mu_{CB}} = -0.158EI\alpha + 0.059EI\Delta$$

则

$$M_B + \Delta M = 39.84EI\alpha - 0.32EI\Delta$$

首先在结点 B，对 $-(M_B + \Delta M)$ 进行力矩分配与传递，然后在结点 C 进行力矩分配与传递，完成一个循环的计算。计算过程如图 4-25 所示，双横线上的数据为杆端弯矩的计算精确值。

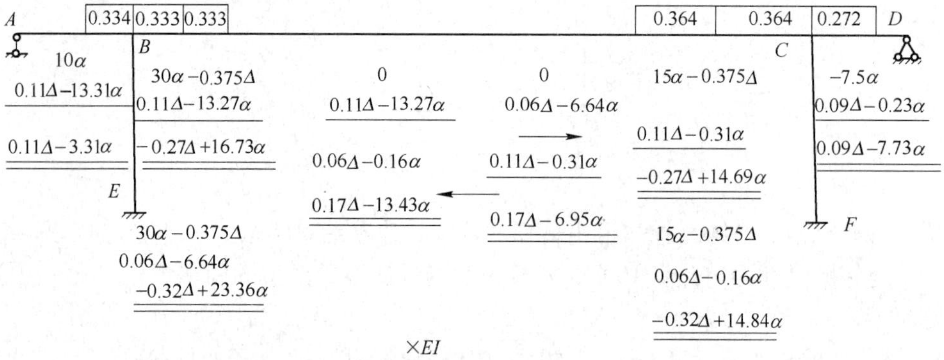

图 4-25 计算过程

图 4-26（a）所示 BE 杆的平衡条件，由

$$\sum M_E = 0 \quad F_{QBE} \times 4 + M_{BE} + M_{EB} = 0$$

得到 $\quad F_{QBE} = -\dfrac{1}{4}(M_{BE} + M_{EB}) = 0.15EI\Delta - 10.02EI\alpha$

图 4-26（b）所示 CF 杆的平衡条件，由

$$\sum M_F = 0 \quad F_{QCF} \times 4 + M_{CF} + M_{FC} = 0$$

得到 $\quad F_{QCF} = -\dfrac{1}{4}(M_{CF} + M_{FC}) = 0.15EI\Delta - 7.38EI\alpha$

图 4-26（c）所示横梁隔离体的平衡条件，由 $\sum F_x = 0$，$F_{QBE} + F_{QCF} = 0$，可建立关于线位移 Δ 的基本方程。根据该方程求得 $\Delta = 58.0\alpha$。

将 $\Delta = 50.8\alpha$ 回代到杆端弯矩表达式中，可得杆端弯矩的具体数值。图 4-27 中括号里面的数字为最终杆端弯矩的精确数值。根据该数值，可绘出结构的 M 图（如图 4-28 所示）。

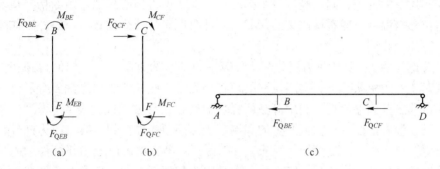

图 4-26 隔离体示意图

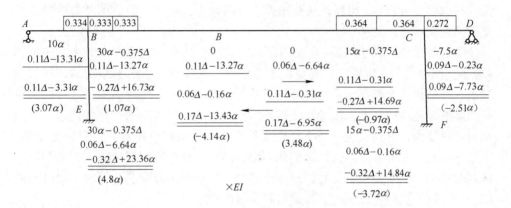

图 4-27 杆端弯矩计算结果

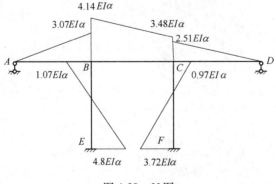

图 4-28 M 图

4.3 本章小结

本章介绍了利用改进的多结点力矩分配法计算超静定结构在支座位移与温度改变作用下的内力，同样经过一个循环计算就快速得到了杆端弯矩的精确值。将支座位移与温度改变看做广义的荷载，其计算原理与计算步骤与一般外力作用下的计算完全相同。

关键问题 1：要解决力矩分配法计算中第一步约束状态下，如何得到相应的固端弯矩？约束状态下，支座位移的存在相当于某些杆件的端部截面有了已知的杆端位移，其固端弯矩可利用等截面杆件的转角位移方程或查表 4-1 得到。约束状态下，温度改变在杆件上产生的固端弯矩由两项相加得到。第一项为杆件自身内外侧温差产生的固端弯矩，可查表 1-1 得到；第二项为由于相邻杆件轴向伸长或缩短而产生的附加固端弯矩。这一项是因为相邻杆件轴向变形对杆件造成垂直于杆轴线方向存在相对线位移，因而要产生附加固端弯矩，可由等截面杆件的转角位移方程或查表 4-1 得到。只要知道了固端弯矩，结点上的约束力矩就等于结点截面的固端弯矩之和。

关键问题 2：如何判断一个结构是无侧移结构还是有侧移结构？将支座位移（包括支座移动与支座转动）与温度改变看做广义荷载后，根据结构的计算简图判断一个结构为无侧移结构还是有侧移结构，判断结构类型时不要受这些广义荷载的影响。在这一点上，读者往往感到困惑，看到支座移动的存在就把结构看做是有侧移结构，看到温度改变下杆件要伸长或缩短就把结构看做是有侧移结构，这是不对的。读者可以抛去广义荷载，结合结构的计算简图判断结构的类型。正确判断结构的类型是很重要的，选择改进的多结点力矩分配法计算时，两种不同结构的计算过程是有区别的，希望引起读者的注意。

第5章　多结点力矩分配法与
子结构分析法的联合应用

本章介绍改进的多结点力矩分配法与子结构分析法的联合应用，该方法分析思路易于理解，计算过程简单，以手算的方式可以快速地解决工程中大型复杂高次超静定结构内力精确值的计算。

5.1　概述

子结构分析法的分析思路是：第一步，先把结构整体拆成若干个子结构，每个子结构看做一个单元，这个过程称为离散化。建议每个子结构内部包含刚结点的个数不超过七个。第二步，将各子结构（单元）按一定的条件集合成整体。通过先拆后搭的过程，把复杂结构的计算问题转化为简单单元的分析和集合问题。第一步进行单元分析时可采用前面介绍的多结点力矩分配法的改进技术，通过一个循环计算快速得到杆端内力的精确值；第二步进行整体分析，根据子结构在拆分处应该满足的平衡条件，建立关于拆分处结点未知位移的基本方程，从而求出解答。

子结构分析法的分析思路与结构力学中介绍的矩阵位移法基本是一致的。矩阵位移法把每个等截面杆件作为一个单元，把结点的所有未知位移作为基本未知量，其计算过程复杂、标准化。由于未知量个数多，涉及求解高元线性方程组，矩阵位移法适合于电算。而子结构分析法是把每一个子结构作为一个单元，子结构可以比较大，把拆分处结点的未知位移作为基本未知量，显然这种方法的未知量数目比较少，这种方法很适合于手算解决大型复杂结构的计算。

5.2　大型复杂无侧移结构中的应用

5.2.1　计算原理

图 5-1 所示结构为高次超静定无侧移结构，超静定次数为 18 次。在手算方法上若选择经典的力法分析，基本未知量为 18 个多余约束力，需要建立、求解关于 18 个未知量的线性联立方程组，进一步解决结构的内力，其计算难度很大。若选择经典的位移法分析，即使只考虑弯曲变形，基本未知量也有 6 个，分别是内部 6 个刚结点的未知角位移，需要建立、求解关于 6 个未知量的线性联立方程组，进一步解决结构的内力，其计算难度也很大。

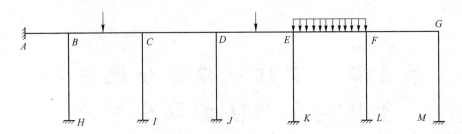

图 5-1 高次超静定无侧移刚架结构示意图

该结构在例 2-7 中曾利用内部含有 6 个刚结点的多结点力矩分配法的改进技术，通过提前施加三个约束力矩增量参与力矩分配与传递，经过一个循环计算就快速得到了杆端弯矩的精确值。以下结合该结构重点介绍多结点力矩分配法改进技术与子结构分析法联合应用的基本计算原理。

5.2.1.1 子结构的划分规则

各子结构的内部刚结点个数建议为 1~7 个。如果子结构的内部刚结点个数为 1 个，可利用单结点力矩分配法快速得到杆端弯矩精确值；如果子结构的内部刚结点个数为 2~7 个，可利用改进的多结点力矩分配法快速得到杆端弯矩精确值。详细计算方法参见第 2 章。

5.2.1.2 子结构分析方法的基本未知量

将图 5-1 所示复杂结构在刚结点 D 处拆分，划分成 3 个子结构（如图 5-2 所示）。基本未知量为拆分处刚结点 D 的未知角位移 Δ，这里只有一个未知量，与经典的力法、位移法相比较，基本未知量明显减少。

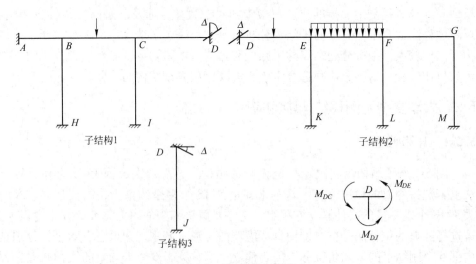

图 5-2 子结构示意图

5.2.1.3 子结构分析方法的基本方程

各子结构应该满足刚结点 D 的力矩平衡（如图 5-2 所示）。根据该平衡条件可建立未知量的基本方程，即

$$M_{DC} + M_{DE} + M_{DJ} = 0 \tag{5-1}$$

5.2.1.4 杆端弯矩的计算公式

对各子结构可按照前面几章介绍的多结点力矩分配法的改进技术计算杆端弯矩精确值。子结构上作用的广义荷载包括已知的外力以及刚结点 D 处的角位移 Δ。根据叠加原理，可得到杆端弯矩的计算公式，即

$$M = M_{Pi} + M_i\Delta \tag{5-2}$$

式中，M_{Pi} 为第 i 个子结构在已知荷载作用下产生的杆端弯矩；M_i 为第 i 个子结构在 $\Delta = 1$ 作用下产生的杆端弯矩。

5.2.2 应用举例

例 5-1 图 5-3 所示高次超静定刚架结构，联合应用改进的多结点力矩分配法和子结构分析法计算杆端弯矩的精确值并作 M 图。

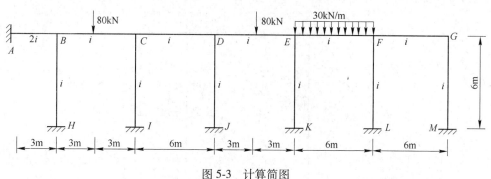

图 5-3 计算简图

解：

（1）子结构的划分。将结构在内部刚结点 D 处断开、拆分成如图 5-2 所示的三个子结构。

（2）子结构的计算。利用改进的多结点力矩分配法，计算每一个子结构在外部荷载以及结点位移 $\Delta = 1$ 作用下的杆端弯矩精确值。

1）子结构 1 在外部荷载单独作用下的计算（如图 5-4 所示）。对 B、C 结点施加约束，建立约束状态。荷载作用下，固端弯矩分别为：

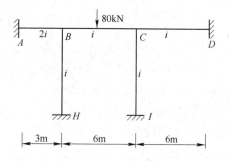

图 5-4 子结构 1 承受
外部荷载作用示意图

$$M_{BC}^{\mathrm{F}} = -\frac{1}{8} \times 80 \times 6 = -60\mathrm{kN} \cdot \mathrm{m} \ , \ M_{CB}^{\mathrm{F}} = \frac{1}{8} \times 80 \times 6 = 60\mathrm{kN} \cdot \mathrm{m}$$

结点 B、C 产生的约束力矩分别为：

$$M_B = M_{BC}^{\mathrm{F}} = -60\mathrm{kN} \cdot \mathrm{m} \ , \ M_C = M_{CB}^{\mathrm{F}} = 60\mathrm{kN} \cdot \mathrm{m}$$

分配系数为：

$$\mu_{BC} = \frac{4i}{4 \times 2i + 4i + 4i} = \frac{1}{4}$$

$$\mu_{CB} = \frac{4i}{4i + 4i + 4i} = \frac{1}{3}$$

代入式（2-1）计算约束力矩增量，得到

$$\Delta M = \frac{(M_B \mu_{BC} - 2M_C)\mu_{CB}}{4 - \mu_{BC}\mu_{CB}} = -11.48\mathrm{kN} \cdot \mathrm{m}$$

则
$$M_B + \Delta M = -71.48\mathrm{kN} \cdot \mathrm{m}$$

首先在结点 B，对 $-(M_B + \Delta M)$ 进行力矩分配与传递，然后在结点 C 进行力矩分配与传递，完成一个循环的计算。计算过程如图 5-5 所示，双横线上的数据为杆端弯矩的计算精确值。

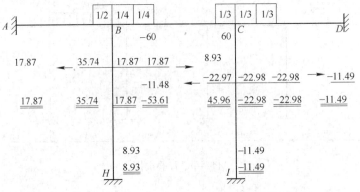

图 5-5　子结构 1 计算过程（外部荷载作用）

2）子结构 1 在结点位移 $\Delta = 1$ 作用下的计算（如图 5-6 所示）。对 B、C 结点施加约束，建立约束状态。$\Delta = 1$ 作用下，固端弯矩可由转角位移方程或查表 4-1 得到：

$$M_{CD}^{\mathrm{F}} = 2i \ , \ M_{DC}^{\mathrm{F}} = 4i$$

结点 B、C 产生的约束力矩分别为：

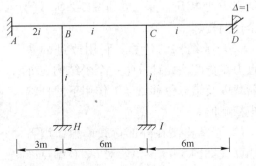

图 5-6　子结构 1 承受结点位移 $\Delta = 1$ 作用示意图

$$M_B = 0 \quad M_C = M_{CD}^F = 2i$$

分配系数为：

$$\mu_{BC} = \frac{4i}{4 \times 2i + 4i + 4i} = \frac{1}{4}$$

$$\mu_{CB} = \frac{4i}{4i + 4i + 4i} = \frac{1}{3}$$

代入式（2-1）计算约束力矩增量，得到

$$\Delta M = \frac{(M_B\mu_{BC} - 2M_C)\mu_{CB}}{4 - \mu_{BC}\mu_{CB}} = -0.34i$$

则
$$M_B + \Delta M = -0.34i$$

首先在结点 B，对 $-(M_B + \Delta M)$ 进行力矩分配与传递，然后在结点 C 进行力矩分配与传递，完成一个循环的计算。计算过程如图 5-7 所示，双横线上的数据为杆端弯矩的计算精确值。

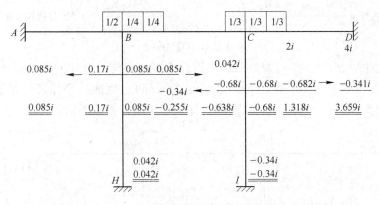

图 5-7 子结构 1 计算过程（结点位移 $\Delta = 1$ 作用）

3）子结构 2 在外部荷载单独作用下的计算（如图 5-8 所示）。对 E、F、G 施加约束，建立约束状态。荷载作用下，固端弯矩分别为：

$$M_{DE}^F = -\frac{1}{8} \times 80 \times 6 = -60 \text{kN} \cdot \text{m} , \quad M_{ED}^F = \frac{1}{8} \times 80 \times 6 = 60 \text{kN} \cdot \text{m}$$

$$M_{EF}^F = -\frac{1}{12} \times 30 \times 6^2 = -90 \text{kN} \cdot \text{m} , \quad M_{FE}^F = \frac{1}{12} \times 30 \times 6^2 = 90 \text{kN} \cdot \text{m}$$

结点 E、F、G 产生的约束力矩分别为：

$$M_E = M_{ED}^F + M_{EF}^F = -30 \text{kN} \cdot \text{m} , \quad M_F = M_{FE}^F = 90 \text{kN} \cdot \text{m} , \quad M_G = 0$$

分配系数为：

$$\mu_{EF} = \frac{4i}{4i + 4i + 4i} = \frac{1}{3} , \mu_{FE} = \frac{4i}{4i + 4i + 4i} = \frac{1}{3}$$

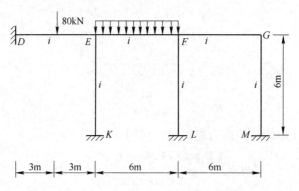

图 5-8　子结构 2 承受外部荷载作用示意图

$$\mu_{FG} = \frac{4i}{4i + 4i + 4i} = \frac{1}{3} \ , \mu_{GF} = \frac{4i}{4i + 4i} = \frac{1}{2}$$

代入式（2-2）计算约束力矩增量，得到

$$\Delta M = \frac{(M_F\mu_{FE} - 2M_E)\mu_{EF} + (M_F\mu_{FG} - 2M_G)\mu_{GF}}{4 - \mu_{FE}\mu_{EF} - \mu_{FG}\mu_{GF}} = 12.09\mathrm{kN \cdot m}$$

则
$$M_F + \Delta M = 102.09\mathrm{kN \cdot m}$$

首先在结点 F，对 $-(M_F + \Delta M)$ 进行力矩分配与传递（前半个循环），然后在结点 E、G 进行力矩分配与传递（后半个循环），完成一个循环的计算。计算过程如图 5-9 所示，双横线上的数据为杆端弯矩的计算精确值。

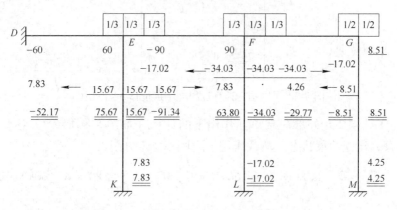

图 5-9　子结构 2 计算过程（外部荷载作用）

4）子结构 2 在结点位移 $\Delta = 1$ 作用下的计算（如图 5-10 所示）。对 E、F、G 施加约束，建立约束状态。$\Delta = 1$ 作用下，固端弯矩可由转角位移方程或查表 4-1 得到：

$$M_{DE}^F = 4i \ , M_{ED}^F = 2i$$

结点 E、F、G 产生的约束力矩分别为：

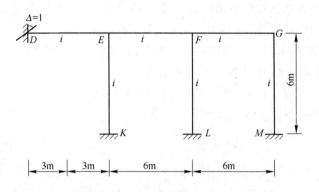

图 5-10 子结构 2 承受结点位移 Δ=1 作用示意图

$$M_E = M_{ED}^F = 2i \ , \ M_F = 0 \ , \ M_G = 0$$

分配系数为:

$$\mu_{EF} = \frac{4i}{4i + 4i + 4i} = \frac{1}{3} \ , \mu_{FE} = \frac{4i}{4i + 4i + 4i} = \frac{1}{3}$$

$$\mu_{FG} = \frac{4i}{4i + 4i + 4i} = \frac{1}{3} \ , \mu_{GF} = \frac{4i}{4i + 4i} = \frac{1}{2}$$

代入式 (2-2) 计算约束力矩增量, 得到

$$\Delta M = \frac{(M_F \mu_{FE} - 2M_E)\mu_{EF} + (M_F \mu_{FG} - 2M_G)\mu_{GF}}{4 - \mu_{FE}\mu_{EF} - \mu_{FG}\mu_{GF}} = -0.36i$$

则 $$M_F + \Delta M = -0.36i$$

首先在结点 F, 对 $-(M_F + \Delta M)$ 进行力矩分配与传递 (前半个循环), 然后在结点 E、G 进行力矩分配与传递 (后半个循环), 完成一个循环的计算。计算过程如图 5-11 所示, 双横线上的数据为杆端弯矩的计算精确值。

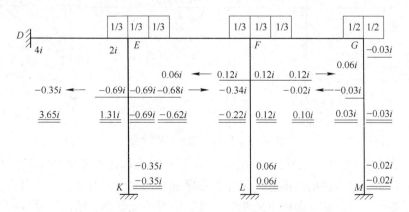

图 5-11 子结构 2 计算过程 (Δ=1 作用)

5）子结构 3 在结点位移 $\Delta = 1$ 作用下的计算（如图 5-12 所示）。由转角位移方程得到：$M_{DJ} = 4i$，$M_{JD} = 2i$。

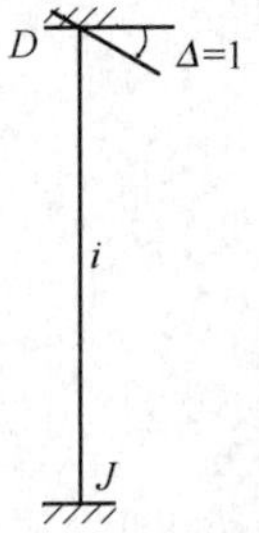

（3）计算基本未知量结点位移 Δ。根据式（5-2），子结构 1、子结构 2 在拆分结点 D 处的杆端弯矩为：

$$M_{DC} = 3.659i\Delta - 11.49 , \quad M_{DE} = 3.65i\Delta - 52.17$$

代入式（5-1）：$M_{DC} + M_{DE} + M_{DJ} = 0$

求得

$$\Delta = \frac{5.63}{i}$$

图 5-12 子结构 3 计算简图

（4）杆端弯矩计算与弯矩图。对子结构 1 按 $M = M_{P1} + M_1\Delta$ 计算杆端弯矩；对子结构 2 按 $M = M_{P2} + M_2\Delta$ 计算杆端弯矩。

杆端弯矩的计算结果如图 5-13 所示；弯矩图如图 5-14 所示。

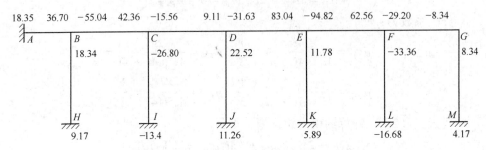

图 5-13 杆端弯矩计算结果（单位：kN·m）

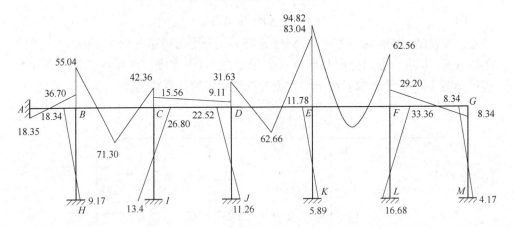

图 5-14 M 图（单位：kN·m）

为了验证上述计算结果的正确性，以下采用笔者在参考文献 [12] 中矩阵位移法一章提供的杆系结构有限元分析程序进行杆端内力的电算。两种方法考虑的变形条件一致，都只考虑弯曲变形。电算中对单元划分、结点位移编码情况如图 5-15 所示。结点编号括弧里面的三个数字代表结点水平方向、铅垂方向、转动方向的三个位移编码。单元附近的箭头代表由单元始端到终端的方向。

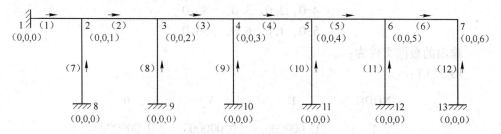

图 5-15　单元划分与结点位移编码示意图

输入的数据文件为：

```
12, 13, 6, 2, 0, 3
0.0, 6.0, 0, 0, 0
3.0, 6.0, 0, 0, 1
9.0, 6.0, 0, 0, 2
15.0, 6.0, 0, 0, 3
21.0, 6.0, 0, 0, 4
27.0, 6.0, 0, 0, 5
33.0, 6.0, 0, 0, 6
3.0, 0.0, 0, 0, 0
9.0, 0.0, 0, 0, 0
15.0, 0.0, 0, 0, 0
21.0, 0.0, 0, 0, 0
27.0, 0.0, 0, 0, 0
33.0, 0.0, 0, 0, 0
1, 2, 1.0e9, 1
2, 3, 1.0e9, 1
3, 4, 1.0e9, 1
4, 5, 1.0e9, 1
5, 6, 1.0e9, 1
6, 7, 1.0e9, 1
8, 2, 1.0e9, 1
9, 3, 1.0e9, 1
10, 4, 1.0e9, 1
11, 5, 1.0e9, 1
12, 6, 1.0e9, 1
13, 7, 1.0e9, 1
```

2.0, 2.0, 3.0, -80.0
4.0, 2.0, 3.0, -80.0
5.0, 1.0, 6.0, -30.0

输出的数据文件为：

RESULT：

NODE	U	V	θ
1	0.000000	0.000000	0.000000
2	0.000000	0.000000	27.526589
3	0.000000	0.000000	-40.212712
4	0.000000	0.000000	33.749684
5	0.000000	0.000000	17.714607
6	0.000000	0.000000	-50.037323
7	0.000000	0.000000	12.509330
8	0.000000	0.000000	0.000000
9	0.000000	0.000000	0.000000
10	0.000000	0.000000	0.000000
11	0.000000	0.000000	0.000000
12	0.000000	0.000000	0.000000
13	0.000000	0.000000	0.000000

ELEMENT	N	Q	M
1	0.0000	-18.3511	18.3511
	0.0000	18.3511	36.7021
2	0.0000	42.1144	-55.0532
	0.0000	37.8856	42.3671
3	0.0000	1.0772	-15.5586
	0.0000	-1.0772	9.0956
4	0.0000	31.4226	-31.5953

	0.0000	48.5774	83.0596
5	0.0000	95.3871	-94.8694
	0.0000	84.6129	62.5467
6	0.0000	6.2547	-29.1884
	0.0000	-6.2547	-8.3396
7	0.0000	-4.5878	9.1755
	0.0000	4.5878	18.3511
8	0.0000	6.7021	-13.4042
	0.0000	-6.7021	-26.8085
9	0.0000	-5.6249	11.2499
	0.0000	5.6249	22.4998
10	0.0000	-2.9524	5.9049
	0.0000	2.9524	11.8097
11	0.0000	8.3396	-16.6791
	0.0000	-8.3396	-33.3582
12	0.0000	-2.0849	4.1698
	0.0000	2.0849	8.3396

关于输入、输出文件中每一个数据的含义说明，详见参考文献［12］。两种方法关于杆端弯矩的计算结果与例 2-7 的计算结果是相同、吻合的。这也验证了本章介绍的改进的多结点力矩分配法与子结构分析法联合应用的正确性。

5.3 大型复杂有侧移结构中的应用

5.3.1 计算原理

图 5-16 所示结构为高次超静定结构有侧移结构，超静定次数为 16 次。在手算方法上若选择经典的力法分析，基本未知量为 16 个多余约束力，需要建立、求解关于 16 个未知量的线性联立方程组，进一步解决结构的内力，其计算难度很大。若选择经典的位移法分析，即使只考虑弯曲变形，基本未知量也有 7 个，分别是内部 6 个刚结点的未知角位移和横梁的水平线位移，需要建立、求解关于

7个未知量的线性联立方程组，进一步解决结构的内力，其计算难度也很大。

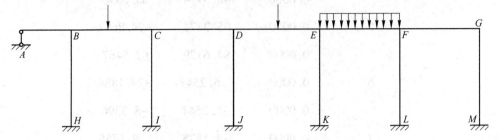

图 5-16 高次超静定有侧移刚架结构

该结构可以采用第3章介绍的利用多结点力矩分配法的改进技术计算一般有侧移结构的计算方法，通过提前施加三个约束力矩增量参与力矩分配与传递，经过一个循环计算就可快速得到杆端弯矩的精确值。在此，不再详述，以下结合该结构重点介绍多结点力矩分配法改进技术与子结构分析法联合应用于求解大型复杂有侧移结构的基本计算原理。

5.3.1.1 子结构分析方法的基本未知量

将图 5-16 所示复杂结构在刚结点 D 处拆分，划分成 3 个子结构（如图 5-17 所示）。基本未知量为拆分处刚结点 D 的未知角位移 θ 以及水平线位移 Δ。

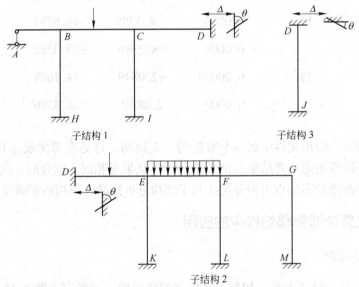

图 5-17 子结构示意图

5.3.1.2 子结构分析方法的基本方程

各子结构应该满足刚结点 D 的力矩平衡以及隔离体中柱顶剪力在水平方向力的平衡（如图 5-18 所示）。根据该平衡条件可建立未知量的基本方程，即

$$M_{DC} + M_{DE} + M_{DJ} = 0 \tag{5-3}$$

$$F_{QBH} + F_{QCI} + F_{QDJ} + F_{QEK} + F_{QFL} + F_{QGM} = 0 \tag{5-4}$$

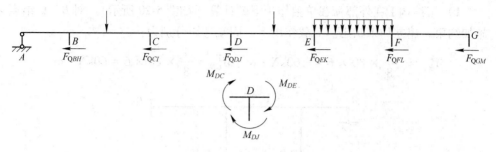

图 5-18 隔离体示意图

5.3.1.3 杆端弯矩的计算公式

子结构上作用的广义荷载包括已知的外力以及刚结点 D 的未知角位移 θ 与水平线位移 Δ 。根据叠加原理，可得到杆端弯矩的计算公式，即

$$M = M_{iP} + M_{i1}\theta + M_{i2}\Delta \tag{5-5}$$

式中，M_{iP} 为第 i 个子结构在已知荷载作用下产生的杆端弯矩；M_{i1} 为第 i 个子结构在 $\theta = 1$ 作用下产生的杆端弯矩；M_{i2} 为第 i 个子结构在 $\Delta = 1$ 作用下产生的杆端弯矩。

对各子结构，M_{iP} 、M_{i1} 、M_{i2} 可利用前面介绍的改进的多结点力矩分配法，通过单循环快速计算杆端弯矩精确值。

5.3.2 应用举例

例 5-2 图 5-19 所示高次超静定有侧移刚架结构，联合应用改进的多结点力矩分配法和子结构分析法计算杆端弯矩的精确值并作 M 图。

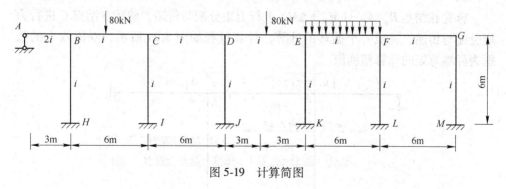

图 5-19 计算简图

解：

（1）子结构的划分。将结构在内部刚结点 D 处断开、拆分成如图 5-17 所示的三个子结构。

（2）子结构的计算。利用改进的多结点力矩分配法，计算每一个子结构在外部荷载以及结点位移 $\theta = 1$、$\Delta = 1$ 独立作用下的杆端弯矩精确值。

1）子结构1在外部荷载单独作用下的计算（如图5-20所示）。对 B、C 结点施加约束，建立约束状态。荷载作用下，固端弯矩分别为：

$$M_{BC}^{F} = -\frac{1}{8} \times 80 \times 6 = -60\text{kN} \cdot \text{m} , \quad M_{CB}^{F} = \frac{1}{8} \times 80 \times 6 = 60\text{kN} \cdot \text{m}$$

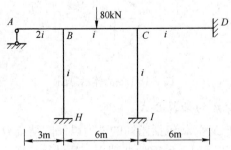

图5-20 子结构1承受外部荷载作用示意图

结点 B、C 产生的约束力矩分别为：

$$M_B = M_{BC}^{F} = -60\text{kN} \cdot \text{m} \qquad M_C = M_{CB}^{F} = 60\text{kN} \cdot \text{m}$$

分配系数为：

$$\mu_{BC} = \frac{4i}{3 \times 2i + 4i + 4i} = \frac{2}{7} , \mu_{CB} = \frac{4i}{4i + 4i + 4i} = \frac{1}{3}$$

代入式（2-1）计算约束力矩增量，得到

$$\Delta M = \frac{(M_B\mu_{BC} - 2M_C)\mu_{CB}}{4 - \mu_{BC}\mu_{CB}} = -11.71\text{kN} \cdot \text{m}$$

则 $$M_B + \Delta M = -71.71\text{kN} \cdot \text{m}$$

首先在结点 B，对 $-(M_B + \Delta M)$ 进行力矩分配与传递，然后在结点 C 进行力矩分配与传递，完成一个循环的计算。计算过程如图5-21所示，双横线上的数据为杆端弯矩的计算精确值。

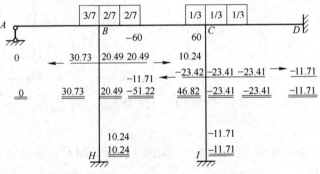

图5-21 子结构1计算过程（外部荷载作用）

2) 子结构 1 在结点位移 $\theta = 1$ 作用下的计算如图 5-22 所示。对 B、C 结点施加约束，建立约束状态。$\theta = 1$ 作用下，固端弯矩可由转角位移方程或查表 4-1 得到：

$$M_{CD}^{F} = 2i \ , \ M_{DC}^{F} = 4i$$

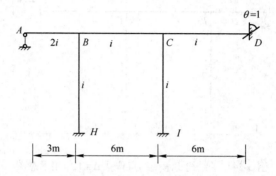

图 5-22　子结构 1 承受结点位移 $\theta = 1$ 作用示意图

结点 B、C 产生的约束力矩分别为：

$$M_B = 0 \qquad M_C = M_{CD}^{F} = 2i$$

分配系数为：

$$\mu_{BC} = \frac{4i}{3 \times 2i + 4i + 4i} = \frac{2}{7} \ , \mu_{CB} = \frac{4i}{4i + 4i + 4i} = \frac{1}{3}$$

代入式（2-1）计算约束力矩增量，得到

$$\Delta M = \frac{(M_B \mu_{BC} - 2M_C)\mu_{CB}}{4 - \mu_{BC}\mu_{CB}} = -0.34i$$

则
$$M_B + \Delta M = -0.34i$$

首先在结点 B，对 $-(M_B + \Delta M)$ 进行力矩分配与传递，然后在结点 C 进行力矩分配与传递，完成一个循环的计算。计算过程如图 5-23 所示，双横线上的数据为杆端弯矩的计算精确值。

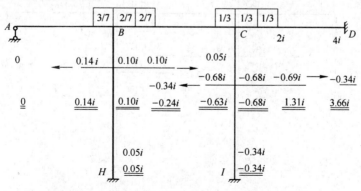

图 5-23　子结构 1 计算过程（结点位移 $\theta = 1$ 作用）

3）子结构1在结点位移 $\Delta = 1$ 作用下的计算（如图5-24所示）。对 B、C 结点施加约束，建立约束状态。$\Delta = 1$ 作用下，固端弯矩可由转角位移方程得到：

$$M_{BH}^{F} = M_{HB}^{F} = -i \; , \; M_{CI}^{F} = M_{IC}^{F} = -i$$

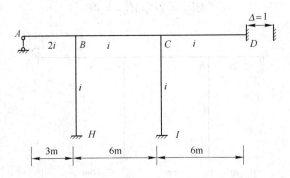

图 5-24 子结构1承受结点位移 $\Delta = 1$ 作用示意图

结点 B、C 产生的约束力矩分别为：

$$M_B = M_{BH}^{F} = -i \; , \; M_C = M_{CI}^{F} = -i$$

分配系数为：

$$\mu_{BC} = \frac{4i}{3 \times 2i + 4i + 4i} = \frac{2}{7} \; , \; \mu_{CB} = \frac{4i}{4i + 4i + 4i} = \frac{1}{3}$$

代入式（2-1）计算约束力矩增量，得到

$$\Delta M = \frac{(M_B \mu_{BC} - 2M_C) \mu_{CB}}{4 - \mu_{BC} \mu_{CB}} = 0.15i$$

则

$$M_B + \Delta M = -0.85i$$

首先在结点 B，对 $-(M_B + \Delta M)$ 进行力矩分配与传递，然后在结点 C 进行力矩分配与传递，完成一个循环的计算。计算过程如图5-25所示，双横线上的数据为杆端弯矩的计算精确值。

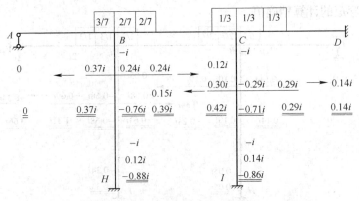

图 5-25 子结构1计算过程（结点位移 $\Delta = 1$ 作用）

4）子结构 2 在外部荷载单独作用下的计算（如图 5-26 所示）。对 E、F、G 施加约束，建立约束状态。荷载作用下，固端弯矩分别为：

$$M_{DE}^{F} = -\frac{1}{8} \times 80 \times 6 = -60 \text{kN} \cdot \text{m} , \quad M_{ED}^{F} = \frac{1}{8} \times 80 \times 6 = 60 \text{kN} \cdot \text{m}$$

$$M_{EF}^{F} = -\frac{1}{12} \times 30 \times 6^2 = -90 \text{kN} \cdot \text{m} , \quad M_{FE}^{F} = \frac{1}{12} \times 30 \times 6^2 = 90 \text{kN} \cdot \text{m}$$

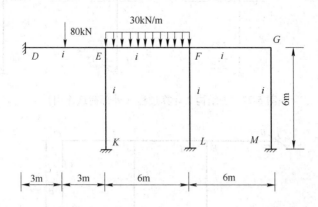

图 5-26 子结构 2 承受外部荷载作用示意图

结点 E、F、G 产生的约束力矩分别为：

$M_E = M_{ED}^{F} + M_{EF}^{F} = -30 \text{kN} \cdot \text{m}$，$M_F = M_{FE}^{F} = 90 \text{kN} \cdot \text{m}$，$M_G = 0$

分配系数为：

$$\mu_{EF} = \frac{4i}{4i + 4i + 4i} = \frac{1}{3} , \quad \mu_{FE} = \frac{4i}{4i + 4i + 4i} = \frac{1}{3}$$

$$\mu_{FG} = \frac{4i}{4i + 4i + 4i} = \frac{1}{3} , \quad \mu_{GF} = \frac{4i}{4i + 4i} = \frac{1}{2}$$

代入式（2-2）计算约束力矩增量，得到

$$\Delta M = \frac{(M_F\mu_{FE} - 2M_E)\mu_{EF} + (M_F\mu_{FG} - 2M_G)\mu_{GF}}{4 - \mu_{FE}\mu_{EF} - \mu_{FG}\mu_{GF}} = 12.09 \text{kN} \cdot \text{m}$$

则 $\qquad\qquad M_F + \Delta M = 102.09 \text{kN} \cdot \text{m}$

首先在结点 F，对 $-(M_F + \Delta M)$ 进行力矩分配与传递（前半个循环），然后在结点 E、G 进行力矩分配与传递（后半个循环），完成一个循环的计算。计算过程如图 5-27 所示，双横线上的数据为杆端弯矩的计算精确值。

5）子结构 2 在结点位移 $\theta = 1$ 作用下的计算（如图 5-28 所示）。对 E、F、G 施加约束，建立约束状态。$\theta = 1$ 作用下，固端弯矩可由转角位移方程或查表 4-1 得到：

$$M_{DE}^{F} = 4i , \quad M_{ED}^{F} = 2i$$

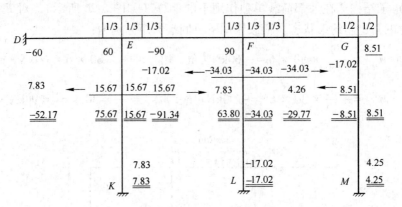

图 5-27   子结构 2 计算过程（外部荷载作用）

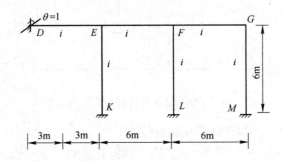

图 5-28   子结构 2 承受结点位移 $\theta = 1$ 作用示意图

结点 E、F、G 产生的约束力矩分别为：

$$M_E = M_{ED}^{\mathrm{F}} = 2i \ , \ M_F = 0 \ , \ M_G = 0$$

分配系数为：

$$\mu_{EF} = \frac{4i}{4i + 4i + 4i} = \frac{1}{3} \ , \ \mu_{FE} = \frac{4i}{4i + 4i + 4i} = \frac{1}{3}$$

$$\mu_{FG} = \frac{4i}{4i + 4i + 4i} = \frac{1}{3} \ , \ \mu_{GF} = \frac{4i}{4i + 4i} = \frac{1}{2}$$

代入式（2-2）计算约束力矩增量，得到

$$\Delta M = \frac{(M_F \mu_{FE} - 2M_E)\mu_{EF} + (M_F \mu_{FG} - 2M_G)\mu_{GF}}{4 - \mu_{FE}\mu_{EF} - \mu_{FG}\mu_{GF}} = -0.36i$$

则 $M_F + \Delta M = -0.36i$

首先在结点 F，对 $-(M_F + \Delta M)$ 进行力矩分配与传递（前半个循环），然后在结点 E、G 进行力矩分配与传递（后半个循环），完成一个循环的计算。计算过程如图 5-29 所示，双横线上的数据为杆端弯矩的计算精确值。

6）子结构 2 在结点位移 $\Delta = 1$ 作用下的计算（如图 5-30 所示）。对 E、F、G

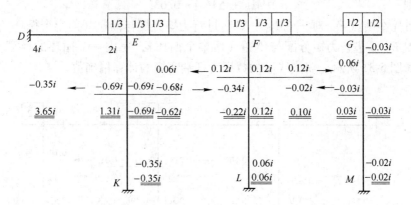

图 5-29 子结构 2 计算过程（$\theta = 1$ 作用）

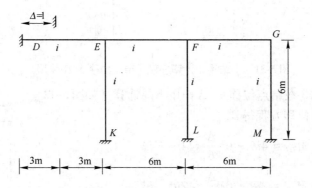

图 5-30 子结构 2 承受结点位移 $\Delta = 1$ 作用示意图

施加约束，建立约束状态。$\Delta = 1$ 作用下，固端弯矩可由转角位移方程得到：

$$M_{EK}^{F} = M_{KE}^{F} = -i \ , \ M_{FL}^{F} = M_{LF}^{F} = -i \ ,$$

$$M_{GM}^{F} = M_{MG}^{F} = -i$$

结点 E、F、G 产生的约束力矩分别为：

$$M_{E} = M_{EK}^{F} = -i \ , \ M_{F} = M_{FL}^{F} = -i \ , \ M_{G} = M_{GM}^{F} = -i$$

分配系数为：

$$\mu_{EF} = \frac{4i}{4i + 4i + 4i} = \frac{1}{3} \ , \mu_{FE} = \frac{4i}{4i + 4i + 4i} = \frac{1}{3}$$

$$\mu_{FG} = \frac{4i}{4i + 4i + 4i} = \frac{1}{3} \ , \mu_{GF} = \frac{4i}{4i + 4i} = \frac{1}{2}$$

代入式（2-2）计算约束力矩增量，得到

$$\Delta M = \frac{(M_{F}\mu_{FE} - 2M_{E})\mu_{EF} + (M_{F}\mu_{FG} - 2M_{G})\mu_{GF}}{4 - \mu_{FE}\mu_{EF} - \mu_{FG}\mu_{GF}} = 0.37i$$

则 $\qquad M_F + \Delta M = -0.63i$

首先在结点 F，对 $-(M_F + \Delta M)$ 进行力矩分配与传递（前半个循环），然后在结点 E、G 进行力矩分配与传递（后半个循环），完成一个循环的计算。计算过程如图 5-31 所示，双横线上的数据为杆端弯矩的计算精确值。

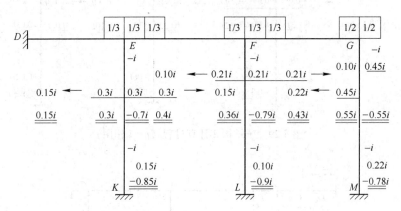

图 5-31 子结构 2 计算过程（结点位移 $\Delta = 1$ 作用）

7）子结构 3 在结点位移 θ、Δ 作用下的计算（如图 5-32 所示）。由转角位移方程得到：

$$M_{DJ} = 4i\theta - 6i\frac{\Delta}{6} = 4i\theta - i\Delta$$

$$M_{JD} = 2i\theta - 6i\frac{\Delta}{6} = 2i\theta - i\Delta$$

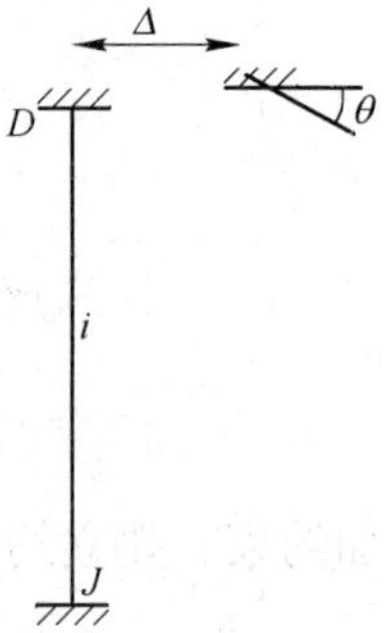

（3）计算结点位移 θ、Δ。

根据式 (5-5)，子结构 1、子结构 2 在拆分结点 D 处的杆端弯矩为：

$$M_{DC} = 3.66i\theta + 0.14i\Delta - 11.71$$
$$M_{DE} = 3.65i\theta + 0.15i\Delta - 52.17$$

代入式 (5-3)，即 $M_{DC} + M_{DE} + M_{DJ} = 0$ 得到：

$$11.31i\theta - 0.71i\Delta - 63.88 = 0 \qquad\qquad (a)$$

考虑每根柱子的平衡，可得到柱顶剪力分别为：

$$F_{QBH} = -\frac{1}{6}(M_{BH} + M_{HB})$$

$$F_{QCI} = -\frac{1}{6}(M_{CI} + M_{IC})$$

$$F_{QDJ} = -\frac{1}{6}(M_{DJ} + M_{JD})$$

图 5-32 子结构 3 计算简图

$$F_{QEK} = -\frac{1}{6}(M_{EK} + M_{KE})$$

$$F_{QFL} = -\frac{1}{6}(M_{FL} + M_{LF})$$

$$F_{QGM} = -\frac{1}{6}(M_{GM} + M_{MG})$$

根据式（5-5），子结构1、子结构2在柱顶、柱底截面处的杆端弯矩分别为：

$$M_{BH} = 0.10i\theta - 0.76i\Delta + 20.49$$

$$M_{HB} = 0.05i\theta - 0.88i\Delta + 10.24$$

$$M_{CI} = -0.68i\theta - 0.71i\Delta - 23.41$$

$$M_{IC} = -0.34i\theta - 0.86i\Delta - 11.71$$

$$M_{DJ} = 4i\theta - i\Delta$$

$$M_{JD} = 2i\theta - i\Delta$$

$$M_{EK} = -0.69i\theta - 0.7i\Delta + 15.67$$

$$M_{KE} = -0.35i\theta - 0.85i\Delta + 7.83$$

$$M_{FL} = 0.12i\theta - 0.79i\Delta - 34.03$$

$$M_{LF} = 0.06i\theta - 0.9i\Delta - 17.02$$

$$M_{GM} = -0.03i\theta - 0.55i\Delta + 8.51$$

$$M_{MG} = -0.02i\theta - 0.78i\Delta + 4.25$$

代入式（5-4），即 $F_{QBH} + F_{QCI} + F_{QDJ} + F_{QEK} + F_{QFL} + F_{QGM} = 0$ 得到：

$$4.22i\theta - 9.78i\Delta - 19.18 = 0 \qquad\qquad\qquad (b)$$

求解式（a）、式（b）组成的联立方程组，得到

$$\theta = \frac{5.68}{i}, \Delta = \frac{0.49}{i}$$

（4）杆端弯矩计算与弯矩图。

对子结构1按 $M = M_{1P} + M_{11}\theta + M_{12}\Delta$ 计算杆端弯矩；

对子结构2按 $M = M_{2P} + M_{21}\theta + M_{22}\Delta$ 计算杆端弯矩；

对子结构3按 $M_{DJ} = 4i\theta - i\Delta$，$M_{JD} = 2i\theta - i\Delta$ 计算杆端弯矩。

杆端弯矩的计算结果如图 5-33 所示；弯矩图如图 5-34 所示。

为了验证上述计算结果的正确性，以下采用笔者在参考文献［12］中矩阵位移法一章提供的杆系结构有限元分析程序进行杆端内力的电算。两种方法考虑的变形条件一致，都只考虑弯曲变形。电算中对单元划分、结点位移编码情况如图 5-35 所示。结点编号括弧里面的三个数字代表结点水平方向、铅垂方向、转动方向的三个位移编码。单元附近的箭头代表由单元始端到终端的方向。

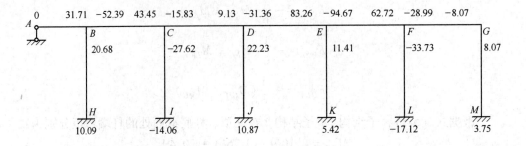

图 5-33 杆端弯矩计算结果（单位：kN·m）

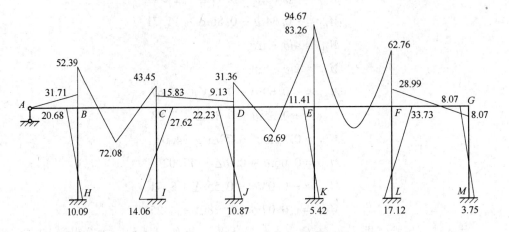

图 5-34 *M* 图（单位：kN·m）

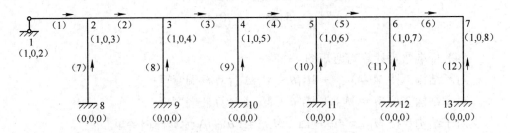

图 5-35 单元划分与结点位移编码示意图

输入的数据文件为：

12, 13, 8, 8, 0, 3

0.0, 6.0, 1, 0, 2

3.0, 6.0, 1, 0, 3

```
 9.0, 6.0, 1, 0, 4
15.0, 6.0, 1, 0, 5
21.0, 6.0, 1, 0, 6
27.0, 6.0, 1, 0, 7
33.0, 6.0, 1, 0, 8
 3.0, 0.0, 0, 0, 0
 9.0, 0.0, 0, 0, 0
15.0, 0.0, 0, 0, 0
21.0, 0.0, 0, 0, 0
27.0, 0.0, 0, 0, 0
33.0, 0.0, 0, 0, 0
 1, 2, 1.0e9, 1
 2, 3, 1.0e9, 1
 3, 4, 1.0e9, 1
 4, 5, 1.0e9, 1
 5, 6, 1.0e9, 1
 6, 7, 1.0e9, 1
 8, 2, 1.0e9, 1
 9, 3, 1.0e9, 1
10, 4, 1.0e9, 1
11, 5, 1.0e9, 1
12, 6, 1.0e9, 1
13, 7, 1.0e9, 1
2.0, 2.0, 3.0, -80.0
4.0, 2.0, 3.0, -80.0
5.0, 1.0, 6.0, -30.0
```

输出的数据文件为：

RESULT：

NODE	U	V	θ
1	2.962782	0.000000	−15.871460
2	2.962782	0.000000	31.742921
3	2.962782	0.000000	−40.719054
4	2.962782	0.000000	34.052794

5	2. 962782	0. 000000	17. 883683
6	2. 962782	0. 000000	−49. 873503
7	2. 962782	0. 000000	12. 838723
8	0. 000000	0. 000000	0. 000000
9	0. 000000	0. 000000	0. 000000
10	0. 000000	0. 000000	0. 000000
11	0. 000000	0. 000000	0. 000000
12	0. 000000	0. 000000	0. 000000
13	0. 000000	0. 000000	0. 000000

ELEMENT	N	Q	M
1	0. 0000	−10. 5810	0. 0000
	−0. 0000	10. 5810	31. 7429
2	0. 0000	41. 4960	−52. 4111
	−0. 0000	38. 5040	43. 4349
3	0. 0000	1. 1110	−15. 7951
	−0. 0000	−1. 1110	9. 1288
4	0. 0000	31. 3439	−31. 3369
	−0. 0000	48. 6561	83. 2734
5	0. 0000	95. 3316	−94. 7020
	−0. 0000	84. 6684	62. 7122
6	0. 0000	6. 1725	−28. 9694
	−0. 0000	−6. 1725	−8. 0654
7	0. 0000	−5. 1259	10. 0872
	0. 0000	5. 1259	20. 6682
8	0. 0000	6. 9511	−14. 0668
	0. 0000	−6. 9511	−27. 6398

9	0.0000	−5.5109	10.8571
	0.0000	5.5109	22.2081
10	0.0000	−2.8160	5.4674
	0.0000	2.8160	11.4287
11	0.0000	8.4768	−17.1183
	0.0000	−8.4768	−33.7428
12	0.0000	−1.9752	3.7858
	0.0000	1.9752	8.0654

关于输入、输出文件中每一个数据的含义说明，详见参考文献 [12]。两种方法关于杆端弯矩的计算结果是相同、吻合的。这也验证了本章介绍的改进的多结点力矩分配法与子结构分析法联合应用的正确性。

5.4　本章小结

本章提出了多结点力矩分配法的改进技术与子结构分析法联合应用的技术方法，采用这种方法后，基本未知量的数目与经典的力法、位移法相比较大大减少，容易实现以手算途径、较为简单地解决大型复杂高次超静定刚架结构内力精确值的计算目的，大大提高了手算效率，保证了计算精度。本章介绍的联合应用方法易于初学者和工程技术人员快速接受，在工程结构设计计算中推广应用将会具有很高的实用价值。

对于子结构的划分，建议子结构内部含有的刚结点个数为 1~7 个，这样采用改进的多结点力矩分配法经过一个循环计算就可快速解决子结构杆端弯矩的精确值。子结构选择得越大，划分的子结构数目就越少，基本未知量（拆分处结点的未知位移）就越少，分析过程就越简单。这也是第 2、第 3 章在内部含有 4 个、5 个、6 个、7 个刚结点情况下，作者对多结点力矩分配法进行改进的主要目的。

对于大型复杂高次超静定无侧移刚架结构，基本未知量为拆分处结点的未知角位移，需要利用结点的力矩平衡条件建立关于未知量的基本方程。

对于大型复杂高次超静定有侧移刚架结构，基本未知量为拆分处结点的未知角位移与未知线位移，需要同时考虑结点的力矩平衡条件以及隔离体在某方向的力的平衡条件（一般在线位移方向）建立关于未知量的基本方程。

第6章 结构位移的计算

前面介绍了利用改进的多结点力矩分配法，经过一个循环的计算可快速得到高次超静定复杂结构杆端弯矩的精确值。本章介绍利用杆端弯矩的计算精确值快速计算结构内部结点位移的计算方法。与内力计算相同，假设位移计算中只考虑结构的弯曲变形。

6.1 结构位移的计算原理

对于无侧移结构，结构内部结点只存在角位移，而对于有侧移结构，结构内部结点除了存在角位移，还可能存在线位移。位移计算中，首先把结构中的杆件进行分类：第一类杆件一般为通过支座与基础直接相连接的杆件，称为外部杆；第二类杆件为结构内部通过刚结点直接与第一类杆件相连接的杆件称为内部杆。随着结构越复杂、结构内部结点个数越多，可继续划分第三类、第四类杆件等。本章结构位移的计算次序是依次计算第一类、第二类、第三类等杆件端部结点的未知位移。也就是从结构的外部杆件开始，由外往内逐渐计算结点的未知位移。

图 6-1 所示结构，杆件旁边的括弧里面的数字代表杆件的类别。只要计算这些杆件在内部结点的角位移，结构所有结点的未知角位移就都能计算得出。图 6-2 所示结构，杆件可划分到第二类，同样只要计算这些杆件在内部结点的角位移，结构所有结点的未知角位移就都能计算得出。

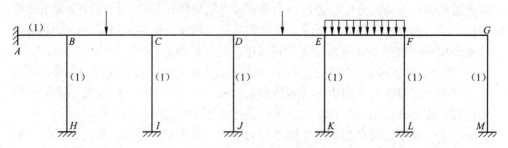

图 6-1 杆件分类示意图（1）

由于超静定结构在一般外力作用下的内力取决于杆件之间的相对刚度，在结构内力分析中为计算方便，往往利用杆件之间的相对刚度大小进行内力计算。但结构的位移取决于杆件的绝对刚度大小，因此在位移计算中，要利用杆件的绝对刚度，这是内力与位移计算中的不同之处，应引起读者的注意。

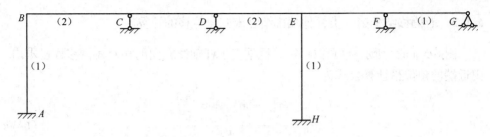

图 6-2　杆件分类示意图（2）

6.1.1　无侧移结构第一类杆件端部结点未知角位移的计算

将力矩分配法计算中，约束状态下由于荷载单独作用产生的固端弯矩记为 M^{F}，叠加以后的杆端弯矩精确值记为 M，则 $(M - M^{\mathrm{F}})$ 就是放松约束状态下由结点位移产生的弯矩。设第一类杆件 AB 在近端 A 的角位移记为 θ_A，近端的转动刚度记为 S_{AB}，则近端的角位移计算公式为：

$$\theta_A = \frac{M_{AB} - M_{AB}^{\mathrm{F}}}{S_{AB}} \tag{6-1}$$

图 6-3 给出了第一类杆件远端为不同支座时，近端转动刚度的大小。EI 为杆件的绝对抗弯刚度，L 为杆件的长度。

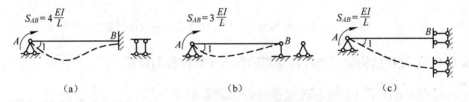

图 6-3　近端转动刚度大小示意图

6.1.2　无侧移结构第二类杆件端部结点未知角位移的计算

设图 6-4 所示 AB 杆为无侧移杆件，其中 A 结点的角位移已通过第一类杆件求出，根据杆件的转角位移方程可得出 B 结点的角位移为：

图 6-4　无侧移杆件

$$\theta_B = \frac{M_{BA} - M_{BA}^{\mathrm{F}} - 2\dfrac{EI}{L}\theta_A}{4\dfrac{EI}{L}} \tag{6-2}$$

式中，M_{BA}^{F} 为约束状态下荷载单独作用在 B 截面产生的固端弯矩；M_{BA} 为 B 截面杆端弯矩精确值。

6.1.3 有侧移结构第一类杆件端部结点未知角位移的计算

图6-5（a）所示有侧移杆 AB，设垂直于杆轴线方向的相对线位移 Δ 已求出，则近端的角位移计算公式为：

$$\theta_A = \frac{M_{AB} - M_{AB}^F + 6\dfrac{EI\Delta}{L^2}}{4\dfrac{EI}{L}} \tag{6-3}$$

图6-5（b）所示有侧移杆 AB，设垂直于杆轴线方向的相对线位移 Δ 已求出，则近端的角位移计算公式为：

$$\theta_A = \frac{M_{AB} - M_{AB}^F + 3\dfrac{EI\Delta}{L^2}}{3\dfrac{EI}{L}} \tag{6-4}$$

式（6-3）、式（6-4）中，M_{AB}^F 为约束状态下荷载单独作用在 A 截面产生的固端弯矩；M_{AB} 为 A 截面杆端弯矩精确值。

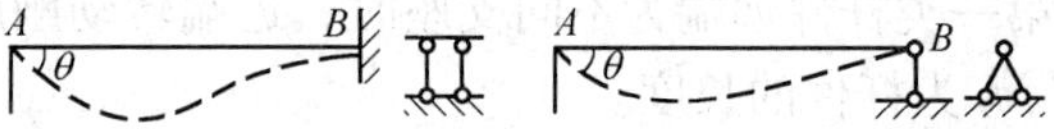

图6-5 有侧移结构第一类杆件计算结点角位移示意图

6.1.4 有侧移结构第二类杆件端部结点未知角位移的计算

设图6-6所示 AB 杆为有侧移杆件，设垂直于杆轴线方向的相对线位移 Δ 已求出，并且 A 结点的角位移已通过第一类杆件求出，根据杆件的转角位移方程可得出 B 结点的角位移为：

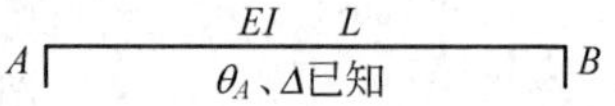

图6-6 有侧移结构第二类杆件计算端部结点角位移示意图

$$\theta_B = \frac{M_{BA} - M_{BA}^F + 6\dfrac{EI\Delta}{L^2} - 2\dfrac{EI}{L}\theta_A}{4\dfrac{EI}{L}} \tag{6-5}$$

式中，M_{BA}^F 为约束状态下荷载单独作用在 B 截面产生的固端弯矩；M_{BA} 为 B 截面杆端弯矩精确值。

6.2 计算举例

例6-1 计算图6-7（a）所示刚架结构各结点的角位移，设各横梁的抗弯刚

度均为 $EI_1 = 6.0 \times 10^3 \text{kN} \cdot \text{m}^2$，各竖柱的抗弯刚度均为 $EI_2 = 4.0 \times 10^3 \text{kN} \cdot \text{m}^2$。

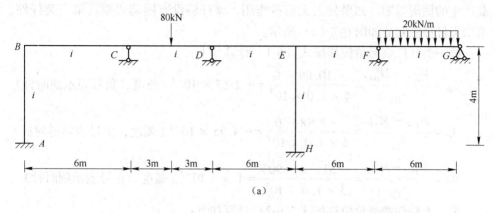

(a)

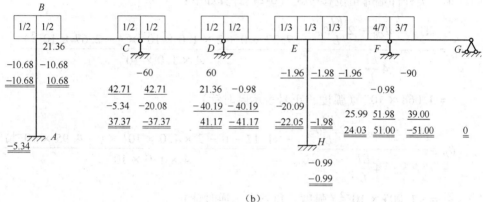

(b)

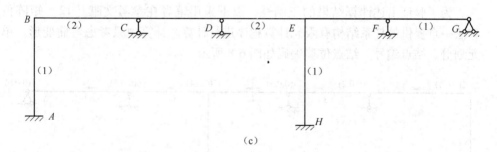

(c)

图6-7 计算简图与杆件划分示意图

解： 横梁的线刚度 $i_1 = \dfrac{6.0 \times 10^3}{6} = 1.0 \times 10^3 \text{kN} \cdot \text{m}$，竖柱的线刚度 $i_2 =$

$\dfrac{4.0 \times 10^3}{4} = 1.0 \times 10^3 \text{kN} \cdot \text{m}$。令 $i = i_1 = i_2 = 1.0 \times 10^3 \text{kN} \cdot \text{m}$。

图6-7（a）所示刚架结构为无侧移结构，例2-6采用改进的多结点力矩分配法对其杆端弯矩精确值进行了计算。计算过程如图6-7（b）所示。图6-7（b）

中双横线上的数据代表杆端弯矩的精确值；最上面一行的数字代表约束状态下荷载产生的固端弯矩。如果杆上无荷载作用，该杆将没有固端弯矩。第一类杆件、第二类杆件的划分如图6-7（c）所示。

第一类杆件端部角位移按式（6-1）计算如下：

$$\theta_B = \frac{M_{BA} - M_{BA}^{\mathrm{F}}}{S_{BA}} = \frac{-10.68 - 0}{4 \times 1.0 \times 10^3} = -2.67 \times 10^{-3} \text{（弧度，负号表示逆时针）}$$

$$\theta_E = \frac{M_{EH} - M_{EH}^{\mathrm{F}}}{S_{EH}} = \frac{-1.98 - 0}{4 \times 1.0 \times 10^3} = -4.95 \times 10^{-4} \text{（弧度，负号表示逆时针）}$$

$$\theta_F = \frac{M_{FG} - M_{FG}^{\mathrm{F}}}{S_{FG}} = \frac{-51 - (-90)}{3 \times 1.0 \times 10^3} = 1.3 \times 10^{-2} \text{（弧度，正号表示顺时针）}$$

第二类杆件端部角位移按式（6-2）计算如下：

$$\theta_C = \frac{M_{CB} - M_{CB}^{\mathrm{F}} - 2\dfrac{EI}{L}\theta_B}{4\dfrac{EI}{L}} = \frac{37.37 - 0 - 2 \times 1.0 \times 10^3 \times (-2.67 \times 10^{-3})}{4 \times 1.0 \times 10^3}$$

$$= 1.068 \times 10^{-2} \text{（弧度，正号表示顺时针）}$$

$$\theta_D = \frac{M_{DE} - M_{DE}^{\mathrm{F}} - 2\dfrac{EI}{L}\theta_E}{4\dfrac{EI}{L}} = \frac{-41.17 - 0 - 2 \times 1.0 \times 10^3 \times (-4.95 \times 10^{-4})}{4 \times 1.0 \times 10^3}$$

$$= -1.005 \times 10^{-2} \text{（弧度，负号表示逆时针）}$$

为了验证上述计算结果的正确性，以下采用笔者在参考文献［12］矩阵位移法一章提供的杆系结构有限元计算程序进行计算。计算中只考虑弯曲变形。单元划分、结点编号、结点位移编码如图6-8所示。

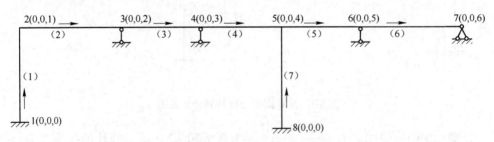

图 6-8 单元划分与结点编码示意图

输入的数据文件为：

7, 8, 6, 2, 0, 2

0.0, 0.0, 0, 0, 0

```
0.0, 4.0, 0, 0, 1
6.0, 4.0, 0, 0, 2
12.0, 4.0, 0, 0, 3
18.0, 4.0, 0, 0, 4
24.0, 4.0, 0, 0, 5
30.0, 4.0, 0, 0, 6
18.0, 0.0, 0, 0, 0
1, 2, 1.0e9, 4.0e3
2, 3, 1.0e9, 6.0e3
3, 4, 1.0e9, 6.0e3
4, 5, 1.0e9, 6.0e3
5, 6, 1.0e9, 6.0e3
6, 7, 1.0e9, 6.0e3
8, 5, 1.0e9, 4.0e3
3.0, 2.0, 3.0, -80
6.0, 1.0, 6.0, -20
```

输出的数据文件为：
RESULT:

NODE	U	V	θ
1	0.000000	0.000000	0.000000
2	0.000000	0.000000	-0.002670
3	0.000000	0.000000	0.010679
4	0.000000	0.000000	-0.010047
5	0.000000	0.000000	-0.000492
6	0.000000	0.000000	0.012998
7	0.000000	0.000000	-0.021499
8	0.000000	0.000000	0.000000

ELEMENT	N	Q	M
1	0.0000	4.0047	-5.3396
	0.0000	-4.0047	-10.6792

2	0.0000	−8.0094	10.6792
	0.0000	8.0094	37.3770
3	0.0000	39.3677	−37.3770
	0.0000	40.6323	41.1710
4	0.0000	10.5386	−41.1710
	0.0000	−10.5386	−22.0609
5	0.0000	−12.5059	24.0281
	0.0000	12.5059	51.0070
6	0.0000	68.5012	−51.0070
	0.0000	51.4988	0.0000
7	0.0000	0.7377	−0.9836
	0.0000	−0.7377	−1.9672

读者可对比分析一下，两种计算方法关于杆端弯矩以及结点位移的计算结果是相同、吻合的。这也说明了本章关于无侧移结构结点角位移的计算公式式 (6-1)、式 (6-2) 是完全正确的。

例 6-2 计算图 6-9 所示刚架结构 B 结点的位移，横梁的抗弯刚度均为 $EI_1 = 8.0 \times 10^3 \mathrm{kN} \cdot \mathrm{m}^2$，竖柱的抗弯刚度均为 $EI_2 = 4.0 \times 10^3 \mathrm{kN} \cdot \mathrm{m}^2$。

解：

横梁的线刚度 $i_1 = \dfrac{8.0 \times 10^3}{4} = 2.0 \times 10^3 \mathrm{kN} \cdot \mathrm{m}$，

竖柱的线刚度 $i_2 = \dfrac{4.0 \times 10^3}{4} = 1.0 \times 10^3 \mathrm{kN} \cdot \mathrm{m}$。令 $i = 1.0 \times 10^3 \mathrm{kN} \cdot \mathrm{m}$。

图 6-9 所示刚架结构为有侧移结构，例 3-2 采用力矩分配法对其杆端弯矩精确值进行了计算。计算过程如图 6-10 （a）所示。图 6-10 （c）中双横线上的数据以及下面括号里面的数字代表杆端弯矩的精确值。将杆件 BA 看做第一类杆件。例 3-2 采用力矩分配法求解时，已求出 B 结点的水平线位移 $\Delta = \dfrac{19.28}{i} = 1.928 \times 10^{-2} \mathrm{m}$，方向水平向

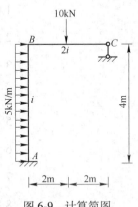

图 6-9 计算简图

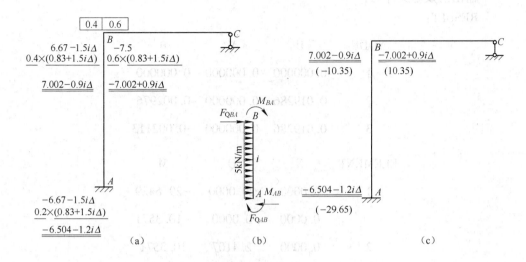

图 6-10　杆端弯矩计算过程与计算结果示意图

右。根据式（6-3）计算第一类杆件 *AB* 在 *B* 结点的角位移：

$$\theta_B = \frac{M_{BA} - M_{BA}^F + 6\dfrac{EI\Delta}{L^2}}{4\dfrac{EI}{L}}$$

$$= \frac{-10.35 - 6.67 + 6 \times 1.0 \times 10^3 \times 19.28 \times 10^{-3}/4}{4 \times 1.0 \times 10^3}$$

$$= 2.975 \times 10^{-3}（弧度，正号表示顺时针）$$

为了验证上述计算结果的正确性，以下采用笔者在参考文献［12］矩阵位移法一章提供的杆系结构有限元计算程序进行计算。计算中只考虑弯曲变形。单元划分、结点编号、结点位移编码如图 6-11 所示。

输入的数据文件为：

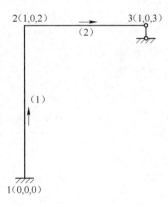

图 6-11　单元划分与结点位移
　　　　　编码示意图

2, 3, 3, 3, 0, 2

0.0, 0.0, 0, 0, 0

0.0, 4.0, 1, 0, 2

4.0, 4.0, 1, 0, 3

1, 2, 1.0e9, 4.0e3

2, 3, 1.0e9, 8.0e3

1.0, 1.0, 4.0, −5

2.0, 2.0, 2.0, −10

输出的数据文件为：

RESULT：

NODE	U	V	θ
1	0.000000	0.000000	0.000000
2	0.019286	0.000000	0.002976
3	0.019286	0.000000	−0.002113

ELEMENT	N	Q	M
1	0.0000	20.0000	−29.6429
	0.0000	0.0000	−10.3571
2	0.0000	2.4107	10.3571
	−0.0000	7.5893	−0.0000

读者可对比分析一下，两种计算方法关于杆端弯矩以及结点位移的计算结果是相同、吻合的。这也说明了本章关于有侧移结构结点角位移的计算公式式(6-3)是完全正确的。

附　　录

附录 A　二阶行列式的计算

二阶行列式 $\begin{vmatrix} a_{11} & a_{12} \\ a_{21} & a_{22} \end{vmatrix} = a_{11}a_{22} - a_{12}a_{21}$

线性方程组 $\begin{cases} A_1x + B_1y = C_1 \\ A_2x + B_2y = C_2 \end{cases}$ 的解可用行列式表示为[13]：

$$x = \frac{D_1}{D_0}, \qquad y = \frac{D_2}{D_0}$$

式中，$D_0 = \begin{vmatrix} A_1 & B_1 \\ A_2 & B_2 \end{vmatrix} \neq 0$；$D_1 = \begin{vmatrix} C_1 & B_1 \\ C_2 & B_2 \end{vmatrix}$；$D_2 = \begin{vmatrix} A_1 & C_1 \\ A_2 & C_2 \end{vmatrix}$。

附录 B　三阶行列式的计算

三阶行列式

$$\begin{vmatrix} a_{11} & a_{12} & a_{13} \\ a_{21} & a_{22} & a_{23} \\ a_{31} & a_{32} & a_{33} \end{vmatrix} = a_{11}a_{22}a_{33} + a_{12}a_{23}a_{31} + a_{13}a_{21}a_{32} - a_{13}a_{22}a_{31} - a_{12}a_{21}a_{33} - a_{11}a_{23}a_{32}$$

三阶行列式包含 6 项，每项均为不同行、不同列的三个元素相乘再冠以正负号。其计算规律遵循图 B-1 所示的对角线法则：图中三条实线看做是平行于主对角线的连线，三条虚线看做是平行于副对角线的连线。实线上三个元素的乘积冠以正号，虚线上三个元素的乘积冠以负号。

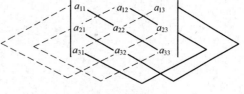

图 B-1　对角线法则

线性方程组 $\begin{cases} A_1x + B_1y + C_1z = D_1 \\ A_2x + B_2y + C_2z = D_2 \\ A_3x + B_3y + C_3z = D_3 \end{cases}$ 的解可用行列式表示为[13]：

$$x = \frac{E_1}{E_0} \ , \ y = \frac{E_2}{E_0} \ , \ z = \frac{E_3}{E_0}$$

式中

$$E_0 = \begin{vmatrix} A_1 & B_1 & C_1 \\ A_2 & B_2 & C_2 \\ A_3 & B_3 & C_3 \end{vmatrix} \neq 0 \ ; E_1 = \begin{vmatrix} D_1 & B_1 & C_1 \\ D_2 & B_2 & C_2 \\ D_3 & B_3 & C_3 \end{vmatrix}$$

$$E_2 = \begin{vmatrix} A_1 & D_1 & C_1 \\ A_2 & D_2 & C_2 \\ A_3 & D_3 & C_3 \end{vmatrix} \ ; E_3 = \begin{vmatrix} A_1 & B_1 & D_1 \\ A_2 & B_2 & D_2 \\ A_3 & B_3 & D_3 \end{vmatrix}$$

需要计算多个三阶行列式时，读者可以编写简单的计算程序进行计算。另外，目前性能比较高的计算器一般有三阶行列式计算的功能，读者也可以利用数学软件 Microsoft Mathematics 来计算。

参 考 文 献

[1] Timoshenko S P, Young D H. Theory of Structures［M］. Beijing：Tsinghua University Press，2002.

[2] Darkow A. Structural Mechanics［M］. Moscow：Mir Publishers，1983.

[3] 龙驭球，包世华. 结构力学Ⅰ——基本教程［M］. 北京：高等教育出版社，2007.

[4] 王来，王彦明. 结构力学（上册）［M］. 北京：机械工业出版社，2010.

[5] 杜庆华. 工程力学手册［M］. 北京：高等教育出版社，1994.

[6] 万度. 力矩一次分配的方法［J］. 华东交通大学学报，2004，21（5）：88~91.

[7] 魏小文，宋力. 力矩分配法在对称结构中的应用［J］. 力学与实践，2005，27（2）：54~56.

[8] 刘茂燧，程渭民. 一次性分配的力矩分配法［J］. 力学与实践，2007，29（4）：73~75.

[9] 刘茂燧，程渭民. 连续梁的杆端转动刚度及其在力矩分配法中的应用［J］. 江西理工大学学报，2006，27（3）：4~6.

[10] 黄羚，张瑞云. 用子结构力矩分配法求解无侧移超静定刚架［J］. 石家庄铁道学院学报，1998，11（1）：47~50.

[11] 魏小文，钱继龙，赵振伟. 多功能力矩分配法［J］. 力学与实践，2007，29（1）：76~78.

[12] 王彦明，王来. 结构力学（下册）［M］. 北京：机械工业出版社，2010.

[13] 同济大学数学系. 工程数学（线性代数）［M］. 北京：高等教育出版社，2011.

作 者 简 介

    王彦明　1968 年生，山东临沂人，工学博士，副教授，山东大学土建与水利学院学科基础系主任。多年来一直从事防震减灾技术、纤维复合材料理论与应用技术等方面的科研工作以及结构力学（本科），高等结构力学、土建结构优化设计、纤维复合材料理论与应用（硕士），结构智能材料与复合材料概论、结构动力学（博士）课程的教学工作。

    作为项目负责人承担省级、校级、院级教学改革项目多项，主编本科生教材两部。作为第一作者公开发表教学研究论文 10 多篇，其中 CSSCI 收录 2 篇。作为项目负责人完成科研课题 7 项，参与国家级以及省级纵向研究课题多项。作为第一作者公开发表科研论文 20 多篇，其中 EI 收录 6 篇。

冶金工业出版社部分图书推荐

书　名	作　者	定价(元)
"营·建"认知的教与学	朱晓青　等著	32.00
建筑结构振动计算与抗振措施	张荣山　等著	55.00
岩巷工程施工——掘进工程	孙延宗　等编著	120.00
岩巷工程施工——支护工程	孙延宗　等编著	100.00
钢骨混凝土异形柱	李　哲　等著	25.00
地下工程智能反馈分析方法与应用	姜谙男　著	36.00
地铁结构的内爆炸效应与防护技术	孔德森　等著	20.00
隔震建筑概论	苏经宇　等编著	45.00
岩石冲击破坏的数值流形方法模拟	刘红岩　著	19.00
缺陷岩体纵波传播特性分析技术	俞　缙　著	45.00
交通近景摄影测量技术及应用	于　泉　著	29.00
参与型城市交通规划	单春艳　著	29.00
地铁结构的内爆炸效应与防护技术	孔德森　等著	20.00
公路建设项目可持续发展研究	李明顺　等著	50.00
基于成功老化理念的住区规划研究	席宏正　等编著	36.00
土木工程材料（英文，本科教材）	陈　瑜　编著	27.00
FIDIC 条件与合同管理（本科教材）	李明顺　主编	38.00
建筑施工实训指南（高专教材）	韩玉文　主编	28.00
城市交通信号控制基础（本科教材）	于　泉　编著	20.00
建筑环境工程设备基础（本科教材）	李绍勇　等主编	29.00
供热工程（本科教材）	贺连娟　等主编	39.00
GIS 软件 SharpMap 源码详解及应用（本科教材）	陈　真　等主编	39.00